生命与安全

公共安全教育读本

主　审

陈明珍　杨　旭

主　编

李锦昆　严　明　顾若瑜

副主编

刘　丽　王建伟　温　海

柏　松　张　鑫

云南大学出版社

图书在版编目（CIP）数据

公共安全教育读本 / 李锦昆，严明，顾若瑜主编.
--昆明：云南大学出版社，2011（2015 重印）
（生命与安全 / 李云昭主编）
ISBN 978 - 7 - 5482 - 0624 - 8

Ⅰ. ①公… Ⅱ. ①李… ②严… ③顾… Ⅲ. ①公共
安全—安全教育—青年读物 ②公共安全—安全教育—少年
读物 Ⅳ. ①X956 - 49

中国版本图书馆 CIP 数据核字（2011）第 202943 号

公共安全教育读本

李锦昆　严　明　顾若瑜　主编

策划编辑：伍　奇
责任编辑：伍　奇　刘　焰
封面设计：刘　雨
出版发行：云南大学出版社
印　　装：昆明宝王印务有限公司
开　　本：889mm×1194mm　1/32
印　　张：5.25
字　　数：132 千
版　　次：2011 年 11 月第 1 版
印　　次：2015 年 11 月第 6 次印刷
书　　号：ISBN 978 - 7 - 5482 - 0624 - 8
定　　价：12.00 元

地　　址：昆明市翠湖北路 2 号云南大学英华园内
邮　　编：650091
发行电话：0871 - 65031071　65033244
E - mail：market@ ynup. com

前　言

随着我国改革开放不断深入，社会经济高速发展，2008 年人均 GDP 就已达到 3260 美元。国际经验表明，一个国家人均 GDP 在 1000 至 3000 美元这一区间时，公共安全事件处于上升期，3000 至 5000 美元时处于高发期，由此，我国正处于公共安全事件高发期，每年因公共安全事件造成的巨大损失，已影响到了我国社会的稳定。

近年来，我国不断发生各种影响社会公共安全的事件，而且还呈现上升的势头，社会各界对公共安全的关注程度也越来越高。2003 年初突如其来的 SARS 及其迅速蔓延更是引发了全国性的恐慌，暴露出我国传统公共安全体系的一些弱点和缺陷。这些不断发生的公共安全事件，有其世界范围的共性原因，但也有我国处在转型期的特殊原因。透过这些事件，我们进一步加深了对公共安全重要性的认识，也体会到了改善转型时期我国公共安全体系的必要性和紧迫性。很明显，中国的公共安全体系已经不能满足转型期社会和公众的要求。

宏观来看，公共安全对于构建和谐社会有着重大的现实意义，是构建和谐社会的重要基础和有力保证。目前，我们国家正处在社会转型的关键时期，经济发展很快，社会也越来越开放，但引发的公共安全问题也随之多起来。不但传统的社会安全问题没有减少，而一些非传统的社会安全问题也凸显出来。公共安全已成为我国越来越突出的一个社会问题。因此，改善公共安全问题已刻不容缓。

除了政府部门建立有效的公共安全防范体系外，提高民众公共安全意识，学习相关防范知识是我国公共安全教育事业的首要任务。在云南大学出版社的大力支持下，全体编写人员齐心协力，精心组织，广泛收集资料，编写了这本简明而实用的安全教育读本。

本书从分析我国公共安全的现状、阐明对民众进行公共安全教育的意义入手，以交通、消防、食品卫生、人身等领域的公共安全知识为内容，为公共安全教育事业发展提供参考依据。书中大量运用了实际案例，同时还配以大量的图片说明问题，通俗易懂，阅读趣味性强。既体现了实践性，又兼顾到应有的示范作用，对读者学习公共安全知识有很大帮助。

该读本的编写有几个方面的考虑：第一，内容要与我国当前存在的公共安全事件紧密联系，既照顾到普遍性，又体现典型事件。第二，要与民众社会生活实践相结合，收集和编撰了一些典型案例资料，突出示范作用。第三，读本的语言要通俗易懂，结构与表达方式要符合大众的阅读习惯。

在编写过程中，广泛征求了有一定工作经验人士的意见及建议，同时参考了近年来出版的部分相关书籍和法律法规著作，以及有关业务部门及多家网站的资料，从中获益匪浅，在此深表感谢！

该书的编写人员有：李锦昆、严明、顾若瑜、刘丽、王建伟、温海、柏松、张鑫，最后由李锦昆、严明审订、统稿。

由于编写时间仓促，编写者水平有限，书中有疏漏与不当之处，敬请读者见谅及赐教。

目　录

第一章　公共安全教育概述

安全是人类最基本的需求，从利用火种吓跑或躲避猛兽，到运用自制工具和建筑藏身处所防御阶段逐步发展到研究运用各种科技手段，建立严密的公共安全系统，战胜各种公共安全威胁来看，人类社会的整个发展历史，也是对抗安全威胁的历史。尽管目前人类应对安全威胁的水平和能力突飞猛进，安全环境发生了根本变化，物质文明高度发展，人类社会组织化程度不断提高，系统构成也越复杂，然而自身却越脆弱。高度组织化的现代社会和安全系统本身一旦遭遇重大外力威胁或内部出现秩序崩溃，将导致趋于灾难性的后果。公共安全已成为世界各国社会良性发展和国家管理正常运行的最重要保障之一。

第一节　我国目前公共安全形势

从 20 世纪下半叶开始，公共安全事件就频繁发生。进入 21 世纪后，公共安全问题在全球各地接踵而至，韩国大邱地铁纵火事件，美国"9·11"恐怖袭击，印度洋海啸大灾难，卡特里娜飓风袭击美国，2008 年全球金融危机所引发的系列公共安全事件，伊拉克、巴基斯坦、印度孟买等地发生的恐怖袭击事件以及 2011 年 7 月发生的挪威爆炸和枪击事件等。这些公共安全事件频频发生，不仅给人类带来沉痛的精神灾难，也给全世界造成巨大的经济损失。在我国，从 2003 年的 SARS 爆发，全国各地矿难事件的发生，贵州的瓮安袭警事件，西藏"3·14"打砸抢烧事件，三聚氰胺食品危机事件，到 2011 年 7 月发生的温州动车组追尾等一系列严重公共安全事故灾难，几乎涵盖了公共卫生、生产生活安全、消防安全、医疗安全、用水安全、交通安全、环境与教育安全、休闲娱乐安全等各个公共安全领域，已经引起了社会各界广泛的关注。

对于公共安全，目前国内外还没有统一的界定。一般可以认为公共安全主要是指公众享有安全和谐的生活和工作环境以及良好的社会秩序，包括生命、健康和公私财产的安全，包含恶意和非恶意的人身安全、信息安全、食品安全、公共卫生安全、公众出行安全、避难者行为安全、人员疏散的场地安全等内容。由于我国社会目前正处在计划经济体制向新型的社会主义市场经济体制转型期，多元化意识形态的产生，加之政府职能在转型期内社会调控能力弱化，大规模社会人口流动产生新的社会问题，使得我国公共安全问题日渐突出，由此带来社会的各种损失高得惊人。

据国家统计局近五年的数据估算，我国每年因自然灾害、事故灾难、公共卫生和社会安全等突发公共安全事件造成的非正常死亡人数超过 70 万人，伤残人数超过 200 万人；经济损失年均近 9000 亿元，相当于 GDP 的 6%，远高于中等发达国家 1% ~ 2% 的同期水平。其中，仅事故灾难一项，近 10 年来年均发生各类事故 70 多万起，死亡 12 万多人，伤残 70 多万人。重大、特大事故发生比例快速上升。一次死亡 3 至 9 人的重大事故平均每天 7 起，一次死亡 10 人以上的特大事故平均每周 2.5 起，一次死亡 100 人以上的特别重大事故平均每年 1 起以上。并且近年来还多次发生重大环境污染事故，造成经济损失高达 5000 多亿元。就公共卫生方面来看，全国许多种传染病尚未得到有效的遏制。

全球新发现的 30 余种传染病已有半数在我国发现，有些还造成严重后果。如艾滋病疫情比较严重，截至 2007 年底，我国艾滋病感染者和患病人数约 84 万人。肺结核患者 600 余万人、慢性病毒性乙肝患者和病毒携带者 2 亿多人。非典、艾滋病、禽流感等已在我国出现，埃博拉病毒感染、疯牛病、西尼罗病毒等威胁不容忽视。一些原来已被控制的传染病，如麻疹、鼠疫、性病等又死灰复燃，慢性非传染性疾病的发病率、死亡率不断上升。食品、药品安全问题面临严峻考验，苏丹红、三聚氰胺、瘦肉精、违规食品添加剂事件等制假、贩假和掺加有毒物质导致的公共卫生事件一再发生，使得我国的公共卫生安全受到了严重的威胁。

另一个重要方面即社会安全，也由于国际恐怖主义组织活动更加频繁，更加复杂，袭击目标更加多样，恐怖主义区域更加广泛的影响，也对我国公共安全构成现实威胁。国内"三股势力"扰乱破坏活动有所抬头，群体性事件呈上升趋势，对抗性进一步增强，成为影响构建社会主义和谐社会的突出问题。西藏的"3·14"打砸抢烧事件、贵州瓮安"6·25"事件，其手段和形式都表现出较强的极端性。还有其他没有造成巨大影响的危害公共安全的违法犯罪活动日趋动态化、组织化、职业化、规模化。这都充分说明了目前我国公共安全形势仍然不容乐观，对我国公共安全应急管理提出了更严峻的考验和更高的要求。

国际经验表明，一个国家人均 GDP 在 1000 至 3000 美元这一区间时，公共安全事件处于上升期，3000 至 5000 美元时处于高发期，因为这一时期的人口、资源、环境、效率、公平等社会矛盾的瓶颈约束最严重，经济容易失调、社会秩序容易失控、公众心理容易失衡、社会伦理道德容易崩塌。而我国在 2008 年人均 GDP 就已达到 3260 美元，正处于这一公共安全事件高发期时期，社会面临着经济、政治和社会等方面的高风险，再加上改革又是一个漫长的过程，导致了社会上的种种矛盾日益突出，许多人的社会行为在一定程度上处于一种心态失衡和无序的状态，安全环境比较脆弱。因此，在谋求经济与社会发展的全部过程中，人身的安全问题始终是最重要的，应当像对待人口问题、资源问题、环境问题一样，把重视公共安全作为一个基本国策来对待。如果我们不加快步伐，将公共安全教育提升到很高的地位，并通过研究逐步建立一套公共安全管理体系，就很难保障我国的国家安全利益。目前，虽然我国已经先后出台了100多部公共安全相关法律、行政法规和部门规章，但在具体实施、信息反馈等很多方面还需进一步加强。总体来看，公共安全形势不容乐观。

第二节　公共安全教育意义

2007年10月，胡锦涛总书记在中国共产党第十七次全国代表大会上的报告中明确指出："社会稳定是人民群众的共同心愿，是改革发展的重要前提。要健全党委领导、政府负责、社会协同、公众参与的社会管理格局，健全基层社会管理体制。最大限度激发社会创造活力，最大限度增加和谐因素，最大限度减少不和谐因素；健全社会治安防控体系，加强社会治安综合治理，深入开展创建活动改革和加强城乡社区警务工作，依法防范和打击违法犯罪活动，保障人民生命财产安全。"可以看出，举国上下正在党的号召和领导下致力于和谐社会的构建，和谐社会最基本的要求应该是安全的社会。一个和谐的社会，人们的生活和工作环境应该是安全、稳定和有序的，不会发生各种安全事故，生活在和谐社会中的人们应该没有危险、不受威胁，更没有恐惧感，他们的合法权益能够得到保障。

公共安全与建设和谐社会是互为依存、相辅相成的关系。良好的公共安全是建设和谐社会的首要条件、必然途径和基本内容。只有更好地维护公共安全，才能达到建设和谐社会的根本目的；公共安全旨在保障国民安全和社会稳定，是"以人为本"的直接体现；公共安全是一种社会状态，是社会状态的有序。一个社会安定有序，本身就是不同利益群体各尽其能、各得其所而又和谐相处的表现。没有公共安全，就没有和谐社会。和谐社会最基本体现的是民众享受最大限度的公共安全。坚持以人为本建设和谐社会，就要着力解决关系人民群众的切实利益的突出问题，为群众安居乐业和全面建设小康社会创造一个和谐稳定的社会环境，必须妥善应对和处置社会公共安全事件。同时，和谐社会必然对公共安全提出更高的要求，促进发展公共安全建设。反之，重大公共安全事件给人民群众的生命财产造成重大损失，破坏了正常的社会秩序，影响到政府的合法性，为整个社会造成巨大创伤。因此，公共安全对于构建和谐社会意义重大，是构建和谐社会的重要基础和保证。

然而，目前我国民众公共安全意识薄弱，并且缺乏相关的公共安全知识、技能，致使在因公共安全问题引发的各种灾害、事故中人员伤亡和财产损失惨重。实践表明，人们在灾害、事故中的行为、反应与其自身的公共安全意识、知识、技能等直接相关。一般情况下，公共安全意识较高，具有一定公共安全技能、知识者，在灾害、事故中的幸存率往往较高，反之则较低，甚至造成不必要的伤亡。大量的灾害、事故表明，很多惨祸是人们缺乏必要的安全知识、违章操作酿成的。据《中国消防年鉴》（2005年、2006年）火灾原因的分析，2004年、2005两年由于违章操作、用火不慎、吸烟、玩火等原因引起的火灾起数在各年火灾总数比例接近50%，电气火灾20%左右。而电气火灾的主要原因为短路、线路高次谐波、旧建筑电气线路老化、设计考虑不周和施工质量差等，也存在安全意识淡薄，缺乏安全知识的因素。可以推测，由于安全意识淡薄、缺乏公共安全的知识、技能等导致的火灾远不止50%。要提高公众的公共安全意识、技能，是一个需要长时期、不间断、全社会参与的大工程。从某种意义上讲，如何提高民众公共安全意识，增强相关安全知识、技能水平，是我国公共安全教育工作的首要任务，也是我国防灾、减灾工作面临的重要难题之一。

对民众进行公共安全意识和相关防范知识的教育，首先，有利于维护民众的人身安全。民众有了公共安全意识后，可以利用具备相关的防范知识更好地保护自己和他人的人身安全，提高社会安全保障系数，有效降低危害公共安全的违法犯罪活动，促进社会的稳定。其次，有利于和谐社会的建设。社会的安全是实现和谐社会的重要保障、基础。当民众具有公共安全意识和相关的防范知识后，可以减少由公共卫生、交通、消防等安全问题引发的事件，从而提高人民的生活质量和生活水平，进一步促进社会的和谐稳定。最后，对民众进行公共安全意识和相关防范知识的教育，有利于公共安全事件的减少，进而避免或降低因公共安全事件带来的直接或间接的经济损失。

总之，目前，我国处于经济高速发展阶段，也正处于经济社会转型期，公共安全保障形势越来越严峻。公共安全保障基础薄弱与经济高速发展的矛盾越来越突出。强化公共安全意识，居安思危，预防为主；加强基层，全民参与；协同应对，快速反应；加大宣传力度，提高全民的安全意识和增加防范知识，为人民群众安居乐业和社会主义建设又好又快发展提供良好的安全环境，对于促进我国社会主义和谐社会建设具有十分重要的意义。

第二章 人身安全

　　本书所指的人身安全是以刑法立法的本意为核心，主要指自然人的身体本身的安全，从目前的社会状况来看，这种人身安全最有效保障主要是通过治安防范来实现。治安防范是指国家、集体、单位、群众团体和人民群众采取一定的手段和措施，对危害和影响社会治安的因素和行为进行主动防范的活动。通过这种防范活动，达到减少犯罪，消除丑恶现象，维护好社会治安秩序的目的。作为现实社会生活中每一个公民，清楚违法犯罪现象就存在于社会之中，有的违法犯罪随时就在我们的身边发生着。因此，认识违法犯罪行为的特点规律，掌握一定的安全防范知识和方法，有效地防止不被违法犯罪行为侵害，是非常必要的。

第一节　暴力伤害

　　中国社科院于 2011 年 2 月 25 日发布的 2010 年《法治蓝皮书》显示，我国暴力犯罪十年来首次增长，涉枪现象突出。在经济危机下，上升的不仅有失业率，还有犯罪率。2009 年中国犯罪数量打破了 2000 年以来一直保持的平稳态势，出现大幅增长。其中，暴力犯罪、财产犯罪等案件大量增加。据蓝皮书所载，2009 年 1 月到 10 月，中国刑事案件立案数和治安案件发现受理数大幅增长，刑事案件数增幅在 10% 以上，治安案件数增幅达 20% 左右，全年刑事立案数达到 530 万件，治安案件数达到 990 万件。

【案例1】2010 年 2 月 1 日上午，天津港保税区天保运业有限公司副调度员张某（男，40 岁）因与调度员李某发生争吵、纠纷，持匕首将李某捅伤，后劫持该单位牌照号为"津 AB－6398"的黄海牌大客车，突然驶出。在开发区内的道路上连续撞击行人，致 9 人死亡，11 人受伤。当时在场的人说："当时吵得声音很大，因为在屋内，大家并没太在意，感觉他们吵吵就结束了。""当时喊声很大，我们就往那边跑去看情况，这时张某冲了出来，直接上了一辆刚回来的大客车。""没想到，争吵之后，发生了血案，张某用一把匕首将调度员李某捅伤了。"

犯罪嫌疑人张某劫持了本单位牌照号为津 AB－6398 黄海牌大客车，驶上天保大道，顺着海滨九路通过保税区北门开上黄海路，又上了南海路。警方接报后，立即出动四五十辆警车及近百警力对犯罪嫌疑人张某驾驶的大客车进行围堵和截击，当天上午 10 点多，在第九大街与北海路的丁字路口，警方终于将张某抓获。

附近的货车司机讲，"警察当时真拼命了，开着小轿车往大客车的车头上撞"。但黄海客车的发动机后置，加上车头过大，两辆警车未能堵住客车。张某径直往前开，将两辆警车撞开后，沿着黄海路口往南行驶而去。为了拦截大客车，警方随后找到在附近运货的五六辆大货车，将张某驾驶的大客车截住。在这次截击抓捕行动中有 3 辆警车被撞，4 名民警受伤。

犯罪嫌疑人张某在被民警团团包围后，一度选择自杀。在被困的驾驶室内，张某手持着一把匕首，朝着右侧的脖子挥了过去。当时张某双眼通红，看上去已经丧失理智，"让人有些害怕"。见到这一情况，民警们蜂拥而上，夺过张某手中的匕首，将其制服，但张某的脖子已经被割破，鲜血往外冒。随后，张某被送往泰达医院进行急救，经过几小时的抢救，已经脱离了生命危险。①

【案例2】上海市公安机关成功破获"1·19"故意伤害致死案

2010年1月19日，上海市奉贤区柘林镇新寺社区北宅村发生一起故意伤害致死案件，贾某（女，19岁，安徽巢湖人）被钝器击打头部致死，其子蒋某（3岁）受重伤。经现场勘查和走访调查发现，个体建筑工张某某（男，安徽芜湖人）因贾家2008年拖欠其2万元装修工程款，曾与贾家发生纠纷，且在案发当日在现场附近逗留。张某某具有重大作案嫌疑。

1月22日上午，上海市公安局刑事技术部门经DNA检验比对认定，上述两案系同一名犯罪分子所为。当日16时许，上海市公安局刑侦、行动技术部门密切配合，在闵行区剑川路将犯罪嫌疑人张某某成功抓获。经审讯，张某某交代了因讨债未果故意伤害贾某、蒋某的犯罪事实。②

【案例3】 2011年22日下午3时20分（北京时间

①《天津一运输公司副调度员与调度员发生纠纷 持匕首捅伤对方后劫持单位大客车疯狂行凶》，载新华网2010年2月1日。
②《公安部公布一批严重暴力犯罪典型案例》，载新华网2010年2月24日。

21 时 20 分），位于奥斯陆市中心的挪威政府办公大楼一带发生威力巨大的爆炸。挪威政府办公大楼以及旁边的财政部大楼、对面的《世界之路》报社大楼等都在爆炸中遭到不同程度的破坏。政府办公大楼附近 100 米范围内的饭店、咖啡店和商店的橱窗玻璃被震碎。爆炸由一枚汽车炸弹引发，已造成 8 人死亡，多人受伤。

在爆炸发生约 2 个小时后，位于奥斯陆以西约 40 公里处的于特岛上，一名装扮成警察的枪手手持自动步枪，向正在岛上参加挪威工党青年团活动的人群射击，打死 69 人，打伤多人。

警方迅速逮捕了这名枪手，经审讯，奥斯陆政府办公大楼一带发生爆炸案和于特岛枪击案的犯罪分子均属于挪威人安德斯·贝林·布雷维克一人作案。

据警方调查，发生在 7 月 22 日奥斯陆爆炸事件和于特岛枪击事件共造成 77 人死亡，近百人受伤。

犯罪分子安德斯·贝林·布雷维克，男，现年 32 岁，挪威人，曾是挪威保守的进步党成员，极端仇恨穆斯林、左翼和挪威的政治体系。他 25 岁已经变成一名右翼极端分子，开始强烈反对多元文化，经常在网上发帖表达强烈的民族主义和反伊斯兰教观点。7 月 22 日 5 时 30 分左右，安德斯·贝林·布雷维克伪装成警察，开一辆灰色汽车，冒充警察混入营地后，向夏令营的人们靠近，继而开枪。他向岛上的人射击，向跳入水中逃生的人射击，向中弹的人补射，手段非常凶残，造成了巨大的社会危害。

爆炸案和枪击案给挪威社会造成了沉重打击和影响，也给挪威人心理带来了巨大的阴影。这起震惊世界的恶性事件背后究竟有着怎样的动因，挪威政府将如何应对恶性事件，引起了国际社会的高度关注。①

一、何谓暴力犯罪？

暴力犯罪是指非法使用暴力行为或以暴力相威胁，侵害他人人身权利或财产权利的极端攻击性行为。诸如杀人罪、伤害罪、强奸罪和抢劫罪等通常被认为是暴力犯罪的典型形态，其中，又以故意杀人罪和故意伤害罪为代表。此外，纵火、爆炸、绑架人质、虐待配偶与儿童、劫持飞机轮船，以及其他一些凭借暴力手段实施的暴力行为，也属于暴力犯罪。

中国社科院 2010 年《法治蓝皮书》指出，杀人、抢劫、强奸等严重暴力犯罪案件在 2009 年出现了较大幅度的增长。这是2001 年以来，中国暴力犯罪的首次增长。此前近十年间，中国的暴力犯罪一直呈下降态势，且下降幅度较为明显。在故意杀人案件中，家庭成员间的恶性伦理杀人案件、报复社会的重大恶性杀人案件、精神病患者实施的恶性杀人案件比较突出，雇凶杀人现象时有发生。抢劫犯罪数量不仅有所增长，而且涉枪现象突出，大都还伴随着劫持人质、杀害被害人等行为。2002 年以来，随着银行防范工作的加强，中国抢劫银行营业网点、运钞车的案件大幅减少。但 2009 年，北京科技大学学生黎立抢劫银行的大案震惊全国。

蓝皮书预测，2010 年中国的社会治安形势仍然会比较严峻。由于社会还没有完全走出金融危机阴影，一些群体就业困难，贫富差距加大，相对贫困人口增加，加上各种社会矛盾引发的各种

---

① 《挪威发生两起严重袭击事件 共造成 77 人死亡 近百人受伤》，载新华网2011 年 7 月 26 日。

群体性事件多发，维稳压力并不会减轻。中国的暴力犯罪、侵犯财产犯罪、经济犯罪仍会维持高发态势。经济危机和宽松的财政政策与货币政策可能会为有潜在犯罪动机的犯罪人提供更多的机会，其中集资诈骗、非法吸收公众存款等涉众型经济犯罪将持续增长。

二、暴力伤害案件的特点

近年来，从发生的暴力案件中集中反映出以下一些特点：

（1）从犯罪行为看，暴力犯罪一般具有突发性、残忍性、冲动性、冒险性等特点。犯罪分子的犯罪手段残忍，在实施犯罪过程中，为达到犯罪目的，不惜使用暴力，作案心狠手毒、手段残忍、丧失人性。比如，案例1中，张某（男，40岁）因与调度员李某发生争吵、纠纷，持匕首将李某捅伤，后劫持该单位牌照号为"津AB－6398"的黄海牌大客车，突然驶出。在开发区内的道路上连续撞击交通参与者，致9人死亡，11人受伤。案例2中，个体建筑工张某某（男，安徽芜湖人）因贾家2008年拖欠其2万元装修工程款，曾与贾家发生纠纷，因讨债未果故意伤害贾某某、蒋某某的犯罪行为。两起案件中犯罪人皆属于这一犯罪行为特点。

（2）从犯罪类型看，杀人、伤害、强奸和暴力抢劫等犯罪案件较多。这些暴力犯罪有的是直接或间接的指向社会和他人进行报复、泄愤。比如，上述案例中犯罪人皆属于与他人发生一点矛盾纠纷，不会用正常的办法解决，而使用报复、泄愤、极端的暴力手段，而导致这种暴力案件的发生。在一些抢劫案件中，犯罪人动辄用匕首、枪支或其他凶器实施暴力抢劫，从而对被害人造成伤害。

（3）从犯罪主体来看，暴力犯罪在绝对数量上男性多于女性。比如，上述案例中犯罪人皆属于男性。另外，根据近年来的统计数据表明，暴力犯罪中以男性青少年居多，且具有一种低龄化趋势。

（4）从被害人看，凶杀、伤害、抢劫等犯罪案件的被害人主要是青年人和男性，强奸行为主要是针对女性。杀人、伤害、强奸罪的被害人中与犯罪人彼此熟悉或相识的占有一定的比例。

暴力犯罪或暴力性犯罪本不是刑法上的概念，而是犯罪学中的概念，因为在各国刑法中，尚无哪一个国家在刑法典中系统、集中地规定暴力犯罪这一类犯罪，而是泛指以暴力作为犯罪手段严重危害社会的犯罪行为。

我国学者对暴力犯罪的界定，代表性的观点主要有两种。有的学者认为暴力犯罪是为获取某种利益或满足某种欲求而对他人人身采取的暴力侵害行为。表现形式主要有：故意杀人罪、故意伤害罪、强奸罪、抢劫罪以及以暴力为手段的流氓犯罪等。也有学者认为暴力犯罪是指犯罪人使用暴力或者以暴力相胁迫而实施的犯罪。从刑法学的角度看，凡是刑法分则规定的以暴力为特征作为犯罪构成要件的各种犯罪都应该认为是暴力犯罪。

在这里以故意伤害罪为暴力犯罪的代表寻找法律依据。我国《刑法》规定：故意伤害是指故意伤害他人身体的行为。故意伤害严重的构成故意伤害罪，故意伤害罪是侵犯公民人身权利中最常见的一种犯罪。构成故意伤害罪，某人必须实施了伤害行为，所谓伤害是指损害他人身体健康的行为。通常表现为破坏人体组织的完整如断手指、挖眼睛等和破坏人体器官的正常机能如使人失去听觉、视觉，神经机能失常等。

《刑法》第二百三十四条规定："故意非法损害他人身体的行为为故意伤害罪。处三年以下有期徒刑、拘役或者管制。致人重伤的，处三年以上十年以下有期徒刑；致人死亡或者以特别残忍手段致人重伤造成严重残疾的，处十年以上有期徒刑、无期徒刑或者死刑。"故意伤害罪的量刑：

（1）对故意伤害他人身体的，处三年以下有期徒刑、拘役或者管制。

（2）对故意伤害他人致人重伤的，处三年以上十年以下有期徒刑。这里所说的"重伤"，依照《刑法》第九十六条的规定，是指有下列情形之一的：①使人肢体残废或者毁人容貌的；②使人丧失听觉、视觉或者其他器官机能的；③其他对于人身健康有重大伤害的。其中"其他对于人身健康有重大伤害的"，主要是指上述几种重伤之外的在受伤当时危及生命或者在损伤过程中能够引起威胁生命的并发症，以及其他严重影响人体健康的损伤，主要包括颅脑损伤、颈部损伤、胸部损伤、腹部损伤、骨盆部损伤、脊柱和脊髓损伤以及烧伤、烫伤、冻伤、电击损伤，物理、化学或者生物等致伤因素引起的损伤等。1990 年 3 月 29 日司法部、最高人民法院、最高人民检察院、公安部印发了《人体重伤鉴定标准》。在司法实践中，鉴定重伤主要依据该《人体重伤鉴定标准》进行。

（3）对故意伤害他人致人死亡，或者以特别残忍手段致人重伤造成严重残疾的，处十年以上有期徒刑、无期徒刑或者死刑。这里所说的"致人死亡"，是指行为人出于损害他人健康的故意而伤害他人，但由于被害人受到伤害后得不到及时或者有效的救治或者由于其他原因，造成被害人死亡的结果。"特别残忍手段"，是指故意造成他人严重残疾而采用毁容、挖人眼睛、砍掉人双脚等特别残忍的手段伤害他人的行为。

三、防范暴力伤害的建议

（一）社会防治暴力伤害的措施

（1）加强社会调节，解决社会问题，缓解社会矛盾，促进和谐社会建设。综合运用社会政策，加强社会调节，克服社会体制、社会文化和社会经济方面存在的种种矛盾，解决各种社会问题，尤其是要保护农民工等弱势群体的利益，高度重视住房、教育、医疗等社会问题，采取有力措施缓解发生在民生领域的各种矛盾，切实促进社会主义和谐社会建设。

（2）解决民事纠纷，防止矛盾激化。首先，整个社会都重视解决民事纠纷，把解决民事纠纷纳入各级政府、机关、企业、学校的日常工作中去，做好疏导、教育、管理等工作。其次，要加强基层组织工作，健全居委会、村委会、调解委员会等群众组织，积极调解民事纠纷。

（3）加强道德和法制教育，将青少年的思想道德教育和法制教育纳入教学计划，重点培养青少年的公民意识和公民素质。对于培养青少年健全的人格和自我控制能力具有重要的作用，它能使青少年以正确的态度和方法处理人生当中的工作、婚姻、家庭问题以及各种人际关系。

（4）加强对新闻媒体和文化市场的管理，杜绝渲染暴力。政府有关部门应当把好书刊、影视出版作品的审批关，对于那些利欲熏心，通过非法出版、发行、传播渲染色情、暴力的影视刊物作品来获得金钱的不法分子，必须予以严惩。

（5）发挥司法机关的积极作用，加强社会治安管理，打击暴力犯罪行为。对于公安机关来说要建立健全暴力犯罪的信息网络和报警系统，及时了解和掌握暴力犯罪的动向，做到信息畅通；加强对重点人口、流动人口及重点地域的监督与管理；加强治安联防，组织力量进行巡逻、盘查等工作。对于检察机关来说要依法从重从快打击各类严重暴力犯罪，震慑犯罪，同时认真做好接访工作，全力化解社会矛盾。对于人民法院来说应当极力做好民事调解工作，在法律规定允许的范围内运用各种调节手段将矛盾化解在萌芽状态。对于司法机关来说要认真配合公安机关做好监外执行人员的社区矫正工作，一方面加强对犯罪人的教育和改造，矫正犯罪人犯罪心理和行为恶习，避免其重新犯罪；另一方面加强对犯罪人的帮助和服务促使其顺利回归社会。

（二）个人防范暴力伤害的措施

（1）当遭到暴力侵害，与不法分子作斗争时，一定要讲究策略，运用智慧多想办法保护好自己。如果不法分子用凶器（匕首或枪）威逼你，这时要斗智，尽可能避免正面的直接搏斗，以免造成不必要的伤亡，可暂时满足对方提出的要求，用温和的语言与之周旋；如果不法分子放松了警觉或威逼，有机会或有条件时，趁其不备迅速逃离现场；同时及时报警，在此要记住对方的体貌特征、口语等，向警方提供破案线索。

（2）当有陌生人约自己到偏僻地方去时，一定要坚决拒绝；当不法分子到来时，一定要想办法逃脱，并积极寻求帮助。

（3）遇上爆炸事件时，第一反应是迅速有序地离开爆炸现场。爆炸发生后，尽快从爆炸现场撤离，要躲避被炸毁的建筑物，同时要避免拥挤、踩踏造成伤亡；如果来不及撤离，也要进入安全地带避险。第二反应是迅速报警。爆炸发生后，向警方报警及向 120 报请急救，详细地描述事件发生、发展经过。

（4）遇上枪击事件时，第一反应是迅速隐蔽或卧倒，即就近寻找遮挡物护住身体重要部位和器官或迅速趴到地上躲避，这时不要轻举妄动，要等待警方或其他救援；第二反应是如果危险不大，也可以迅速逃离现场。

（5）要增加法制意识，如果不幸被不法暴力侵害后，要勇于用法律武器维护自己的正当权益。

第二节　诈骗伤害

《刑法》第二百六十六条规定：诈骗罪是指以非法占有为目的，用虚构事实或者隐瞒真相的方法，骗取数额较大的公私财物的行为。根据诈骗的方式手段又可以分为集资诈骗罪、贷款诈骗罪、金融票证诈骗罪、信用证诈骗罪、信用卡诈骗罪、有价证券诈骗罪、保险诈骗罪、合同诈骗罪等，本章仅列举几种常见诈骗方式。

【案例1】电信诈骗一：有人因"害怕"而中招

"我是山西运城市电信局的，你的一部电话欠费2259元，请尽快交费。"不久前的一天，济南市民刘娜收到了这样一个电话。刘娜觉得自己从来没有在运城办过电话号码，更不可能欠费，刘娜不解地问对方："我在运城没有电话呀。"对方"查询"了一会儿说："你在山西运城有好几个固定电话，很可能你的身份证被冒用了，你需要报案吗？"

　　刘娜同意报案，对方直接告诉了刘娜一个运城市公安局的电话号码。刘娜也怕是骗人的，就打运城市的查号台查了一下，这个号码果然是运城市公安局的，就放心打过电话去。接电话的人自称是刑警，告诉刘娜："你的身份信息泄露，王强以你的个人信息办了一张银行卡从事非法活动，现在你涉嫌一起以王强为首的特大非法洗钱案，受害者有17人是山西运城的，都报案了。现在，你的银行账号非常不安全，犯罪分子随时可能冒用你的身份把钱转走。"

　　刘娜吓了一跳，赶紧问："我新开个银行账号，把钱转到新账号里行吗?"对方说："你的身份证被犯罪分子冒用了，你开个新账号对方也能查到，你最好把钱转到我们公安机关设置的安全账号上来，犯罪分子就转不走了。而且，你得马上转账，否则资金随时会被犯罪分子转走。"听到这里，鉴于对方又是警察，深信不疑的刘娜赶紧回家，拿出所有的存折，将上面70多万元钱全部打到对方提供的账号上。

　　转完钱后，刘娜才想起告诉丈夫。丈夫一听，马上意识到受骗了，随即报案。经济南警方全力侦破，最后在株洲将3名犯罪嫌疑人抓获，但大部分钱已被转走，仅仅追回赃款15万多元。

　　此案经济南市中区法院审理，3名被告均被判处有期徒刑12年，并处罚金10万元。据警方称，这一类案件是新型的电信诈骗案。纵观整个诈骗实施过程，可以看出诈骗团伙是分三步走的。第一步，因为一般人对陌生来电或者短信都保持一定的戒备，骗子先通过告知电话欠费，激起受害者的好奇心，和受害者建立联系。第二步，骗子冒充公安机关，通过显示"公安机关的号码"，骗取受害人信任，同时说受害人资金随时可能被划走，让受害人产生害怕的心理。第三步，称公安机关设有安全账户，让处于惊恐状态的受害人以为找到了安全的港湾，从而赶忙将钱给骗子划去。①

【案例2】电信诈骗二：有人因"误会"而上当

"钱还没有汇吗，我那个账号磁条失磁不能用了，我重新给你发一个工商银行账号：6222×××××××× ××××××。"就凭着这条短信，福建籍的许某在短短4个多月中，竟跨省诈骗了8.53万元。

28岁的许某是福建省南安市人，他在河南郑州花4000元先后购买了13部二手手机和手机卡，然后就搜集全国各地的手机号码，开始实施诈骗。他每天发送600条诈骗短信。这一案件的受害者，多是"歪打正着"上当受骗的。

---

① 转引自大众网2011年7月2日。

　　济南市历下区的王某受骗非常偶然。不久前，一位外地的朋友向王某借款3万元，王某凑够钱后，给朋友打去电话，让朋友把账户发来。一天后，王某收到了许某的诈骗短信，他以为是朋友发过来的，就直接把3万元给对方提供的账户打了过去。等他再向朋友核实钱是否收到时，才知道上当，立即报案。

　　陕西临汾的段某因业务关系正要为北京的客户汇款，于是也就把许某的诈骗短信当成了北京客户所发；北京的何某收到短信时，正准备到银行为别人汇款，于是就以为是对方所发，就把钱汇给了许某；而济南的吴女士收到短信时，正打算给在青岛读大学的女儿汇款，于是就误以为是女儿所发，把钱给骗子汇过去。

　　有人给短信诈骗算了一笔账，利用发短信的软件，骗子发送1万条诈骗短信成本大概只有400元。按照万分之一的比例，假如1万人中有1人相信了短信内容，汇款1万元的话，那么诈骗受益就是9600元。此类因误会而上当的受害者中，往往大大咧咧，正巧又要给亲朋好友汇钱，就误把钱汇给了骗子。

　　该案经济南市历下区法院审理，许某因犯有诈骗罪被判处有期徒刑4年半。①

　　【案例3】"网上买便宜"诈骗

　　2011年3月21日，俞某在淘宝网上看到一款"魁族"M9型的手机，随后与网上一名自称叫翟善×的人取得联系，并谈好价钱1880元，但对方以网店装修为

---

① 转引自大众网2011年7月2日。

由拒绝俞某用支付宝交易的请求，要求俞某向对方指定的一农行账户汇订金 380 元。

3 月 23 日中午，俞某接到一个自称是腾风快递公司的电话，称货已经到了，要俞某把余款 1500 元汇到对方指定的账户上；后又以手机价格太低、公司要求先交 2000 元保证金才能取货为由，要俞某再次汇款 2000元。数小时后俞某发现对方电话关机，方知被骗。

犯罪人往往建立虚假网站或使用插件在各大网站发布虚假廉价商品信息，诱骗事主汇款从而骗取钱财，或以次充好、以假货进行诈骗，或要求先垫付"预付金"、"手续费"、"托运费"等骗得钱财。[①]

【案例4】冒充客户服务人员要求客户退货

2011 年 2 月，王女士在网上购买了一台苹果平板电脑 IPAD，两天后收到货物，非常满意，网上确认收货，付出 4320 元货款。

可就在当天下午，王女士在网上收到了自称客户服务人员的留言，表示货寄错了，寄来的是一台返修货，并给了一个地址要求她寄回，方便更换新货。一听是台返修货，王女士没有多想，就马上到快递公司，按对方给出的地址寄了过去。次日，王女士才知道，这是网络上出现的一种新骗术，自己一时疏忽，这台全新 IPAD 就这样落入了骗子手中。

另外，骗子可能盗取到客户的旺旺密码，登录旺旺向卖家提出要修改地址，骗取货品。或者，在买家收到

---

① 转引自荆楚网 2011 年 5 月 6 日。

货后，第一时间打电话给买家，冒充网店客户服务人员让买家寄回。遇有疑问，最好电话确认一下。

骗子通过网络采用了"乱枪打鸟"式诈骗方式，用"撞到一个算一个"的方式行骗。即注册一个淘宝旺旺号码，然后在网上向所有旺旺用户发出相同内容信息："货寄错了，请寄回调换。"如果真有人相信了，就错把货物寄给骗子了。

从 2000 年以来，随着我国金融、通信业的快速发展，虚假信息诈骗犯罪迅速在我国发展蔓延。特别是最近这两年，借助于手机、固定电话、网络等通信工具和现代的网银技术实施的非接触式的诈骗犯罪迅速地发展蔓延，给人民群众造成了很大的损失。2010 年，北京、上海、广东、福建四个省市因电信诈骗犯罪老百姓被骗走的钱就有 6 个多亿。2011 年 1 至 3 月份，北京群众损失 6800 多万元，广东群众损失 8000 多万元。骗子的触角已经延伸到全国各地，原来沿海多一点，现在西部地区甚至中部大中城市也屡屡发案。人民群众深受其害，反应非常强烈，从某种程度上讲电信诈骗已经成为社会治安的突出问题，成为社会的公害。有的老百姓被骗了以后可以说是倾家荡产，瞬息之间家里几十万元、一两百万元的毕生储蓄都被骗走。①

【案例 5】街头诈骗：路上"掉钱包"诈骗

2009 年 3 月 29 日，北京大兴警方抓获了 4 名利用老骗术"捡钱分钱"进行诈骗的嫌疑人，目前已经核

---

① 转引自荆楚网 2011 年 5 月 6 日。

实 8 起案件，涉案金额 13 万元。从 1 月起，北京大兴警方连续接到报案称，有两三名男子和一名女子以捡钱分钱的方式，诈骗现金和信用卡。2 月 26 日，刑侦支队再次接到报警，事主李某在某邮政储蓄所外被两男一女以此手段骗走信用卡，并被支取 3.6 万元。大兴警方专案组通过调取全市类似发案记录，发现朝阳、通州、顺义、平谷地区类似发案有 30 余起，嫌疑人的特征、手段基本一致。3 月 21 日下午，专案组秘密潜入朝阳区高碑店村蹲守一夜。翌日 8 点，三男一女驾乘红色夏利离开。专案组随后在南四环大红门桥下将车内安某、杨某等四人抓获，并从其身上搜出厚厚一沓假冒百元钞票的冥币。经审讯，嫌疑人交代了 8 起案件，涉案价值 13 万元。

这种街头诈骗的骗局流程是：

骗子 A 出银行后故意在受害人面前"掉钱包"。

骗子 B 当着受害人的面捡起钱包，并给受害人看包内厚厚的钞票（除前后两张真币外，其他多是假币或冥币），以保密并平分为诱饵，骗受害人分钱。

分钱时，骗子 A 假装突然找回来，拉住受害人要钱包。

骗子 B 诱导受害人拿出其银行卡证明没有藏别人钱包。

此时，骗子 C 出现从中调解，让受害人给银行打电话，"看看有没有存款记录

不就能证明自己了";在偷看到受害人在电话上输入的密码后,骗子趁机将其银行卡掉包。①

一、手机短信诈骗的特点

第一,发送手机违法短信的作案人以团伙居多,团伙内部分工严密,各司其职,有的购买手机、购买手机号,有的开设银行账号,有的群发手机短信,有的专门负责发短信,有的专门从ATM机提款,得手后立即隐藏,具有很强的隐蔽性,"不见人,只听声音"。

第二,发送手机违法短信的数量巨大。越来越多的作案对象使用短信群发器和群发软件等专用工具,能够在短时间内向大量的用户号段发送违法信息。具有侵害的快捷广泛性,一次发出成千上万个信息,总有上当的。所以,其有快捷性、破坏性、危害很大的特点。

第三,发送手机违法短信息的活动多使用异地手机号码,而且发送短信、开设银行账户、取款,这几个环节通常不在一地实施,而在多地实施,区域分布相当广泛,具有跨区域的流动性。

第四,一些异地手机与本地的一号通号码捆绑起来,容易令人误以为是室内的固定电话,因为接收者看是本地的电话,放松了警惕。外地的有距离感,本地的有信任感,从而为违法犯罪人员提供了可乘之机,具有不易识别性。

第五,手机违法短信息的内容越来越具有诱惑力,使人抗拒不了诱惑。更有甚者有冒充银行和公安机关,冒充金融部门,利用群众对银行和公安机关的信任进行诈骗,即具有很强的欺骗

① 穆奕:《路上"捡钱"要当心 警方破获"掉钱包"诈骗团伙》,载新华网2009年3月30日。

性。在上述案例 1 和案例 2 中反映出这些情况，要引起人们的注意。

二、网络诈骗的特点

网络诈骗属于网络犯罪的典型形式之一。关于网络犯罪，《刑法》第二百八十五条和第二百八十六条规定，非法侵入计算机信息系统罪和破坏计算机信息系统罪，不仅以计算机信息系统安全为侵害对象，而且必须通过计算机作为犯罪工具来实施这种犯罪。尽管网络犯罪可能主要是"通过计算机操作"来实施，但"通过计算机操作"来实施或者以"计算机作为犯罪工具"并不是网络犯罪构成的必备要件。也即《刑法》第二百八十七条规定，利用计算机实施的诈骗罪、贪污罪、盗窃罪等传统罪名应排除在网络犯罪之外，网络犯罪仅指以网络为侵害对象实施的犯罪行为。

对网络犯罪概念的分析为我们界定网络诈骗提供了基本依据。网络诈骗，就是以非法占有为目的，利用互联网采用虚拟事实或者隐瞒事实真相的方法，骗取数额较大的公私财物的行为。网络诈骗的基本特点：

第一，虚拟性。较之传统犯罪，网络诈骗犯罪由于发生在网络空间，而计算机网络的一个显著特点，就是空间的虚拟性。所有的交往和行为都是通过一种数字化的形式来完成的，网络诈骗犯罪行为必须通过虚拟空间来实施和完成。网络诈骗并不像传统犯罪一样有实在的犯罪现场和空间，犯罪行为地与犯罪的结果地也不像传统犯罪一样在一个现场，而是通过虚拟空间，跨越国界、地域来实现其犯罪目的，犯罪行为地和结果地往往是分离的。

第二，隐蔽性。从犯罪空间来看，在网络这个虚拟的空间里人与人之间的交往仅是凭着一个 ID（网络身份）来进行的。这样，除了在注册选择服务商的时候有一个账户和相应的密码，还有注册时所填的不一定真实的个人资料外，其他在网络社会中进行的各种活动都是非常隐蔽的。而且由于互联网上广泛使用匿名服务器，犯罪人更可以通过这些匿名服务器来更好地掩盖自己的身份。

此外，网络犯罪人往往利用自己的技术特长、职业特点实施犯罪，有些还是高学历、高智商的网络技术人员，由于他们有体面的身份，较高的文化素质，还有各种掩护方法，因而更具隐蔽性。

第三，开放性。网络诈骗犯罪之所以屡禁不止且愈演愈烈，与网络信息系统的天然开放性是分不开的。随着信息以网络为载体的财富日益增加，驱动"黑客"找后门，进行解密的财产利益也就越大。计算机和网络技术的发展使得犯罪人总能找到破译辨认程序的密钥，从而以合法使用者的身份进入网络信息系统，对代表财产的有关资料和数据进行修改破坏。

第四，网络特征利用性。网络特征利用性是网络诈骗犯罪的本质特征，是指该类犯罪在具体实施的过程中不仅要有侵犯财产权的事实存在，更重要的是必须具有网络特性利用行为的存在。该种对网络的利用应当是符合网络自身技术特性的应用，只有出于本质性利用网络自身特性的网络诈骗，才能构成网络诈骗犯罪。这里要特别注意的是"电脑特质"的理论。该理论是指在界定一般计算机犯罪概念过程中，要着重分析该种犯罪是否以电脑的本质特征即内部电子数据资料处理的方式存储、处理、传送数字化资料的特性为手段。

三、街头诈骗的特点

（1）从诈骗时间看，街头"丢包"诈骗犯罪高发于中午 11 时至 12 时及下午 1 时至 2 时等路上行人稀少时段。

（2）从诈骗地点看，作案分子在城区车站、医院周边、交通干道等人流密集地段选定作案目标后作案。

（3）从诈骗分子和诈骗手法上看，诈骗分子一般为 3 人以上结伙作案。在以上地点作案手法：一种是先由一名作案分子在受害人面前假装丢失巨款或贵重物品，随后另一名作案分子以捡到巨款或贵重物品，并以"见者有份，拾物平分"等借口将受害人诱骗至僻静地段进行诈骗。另一种是由一名作案分子将一叠假币（多为冥币）放置在路边，等受害人看到准备拾取时，该名作案分子迅速将假币捡起并提出和受害人平分，将受害人带到附近僻静地段。随后，另一名成员出现，说自己的钱丢失了并且看到受害人捡了，要求受害人赔偿。如果遭到受害人反抗，不法分子便直接动手抢劫。

（4）从受害人看，一般是以中老年人和妇女、进城务工的农民妇女，其一旦受骗便在经济上遭受损失。

《刑法》第二百六十六条规定："诈骗罪是指以非法占有为目的，用虚构事实或者隐瞒真相的方法，骗取数额较大的公私财物的行为。"

第二百六十六条规定："诈骗公私财物，数额较大的，处三年以下有期徒刑、拘役或者管制，并处或者单处罚金；数额巨大或者有其他严重情节的，处三年以上十年以下有期徒刑，并处罚金；数额特别巨大或者有其他特别严重情节的，处十年以上有期徒刑或者无期徒刑，并处罚金或者没收财产。本法另有规定的，依照规定。"

第二百一十条第二款 使用欺骗手段骗取增值税专用发票或

者可以用于骗取出口退税、抵扣税款的其他发票的，依照本法第二百六十六条的规定定罪处罚。

第二百六十九条　犯盗窃、诈骗、抢夺罪，为窝藏赃物、抗拒抓捕或者毁灭罪证而当场使用暴力或者以暴力相威胁的，依照本法第二百六十三条的规定定罪处罚。

第三百条第三款　组织和利用会道门、邪教组织或者利用迷信奸淫妇女、诈骗财物的，分别依照本法第二百三十六条、第二百六十六条的规定定罪处罚。

第二百八十七条　利用计算机实施金融诈骗、盗窃、贪污、挪用公款、窃取国家秘密或者其他犯罪的，依照本法有关规定定罪处罚。

四、防范诈骗伤害的建议

（一）防范手机短信诈骗伤害的措施

（1）不要轻信虚假信息，要用头脑来甄别。凡是接到陌生人要求转账、汇款的短信或电话，请做到不听、不信、不转账、不汇款，并立即拨打110报警，以防受骗。

（2）不要因贪小利而受违法短信的诱惑。不要听信陌生人的话，让转接警方或其他咨询电话，不要点击可疑网页提供的确认链接；要及时拨打110向警方咨询或报警。

（3）不要拨打短信中的陌生电话，以防受骗。

（4）不要泄漏个人信息，特别是银行卡信息。

（5）不要将资金转入陌生的账户。骗子手段不断翻新，诈骗陷阱仍须提防。

（二）防范网络诈骗伤害的措施

（1）市民在网上购物时，遇到来路不明的旺旺号码，不要相信它所发的任何消息；

（2）对赠品之类的留言，不要轻易相信；

（3）切记不要打开陌生人给出的赠品拍卖网址链接，以免泄露自己的地址、姓名、手机号等信息，给骗子提供可乘之机；

（4）购买物品时可选择匿名购买，这样骗子无从得知你的旺旺全称，能有效预防诈骗；

（5）网上购物必须通过第三方支付平台付款，正规的网购网站大部分都可借助支付宝以保证买卖双方的利益，切不可为贪小便宜在未验货的情况下事先直接付款；

（6）凡在互联网上遇有关于网络购物、网络中奖、网络理财、网络炒股等可疑信息，不看、不信、不转账，不汇款，如有疑问请拨打110警方咨询或报警。

警方防范网络诈骗口诀：

畅游网络要小心，诈骗手段在翻新
真假网店难分辨，购物不慎就被骗
以次充好货难验，拿钱就跑最常见
投资理财和股票，多是骗子设的套
所谓内幕和信息，全是人家使的计
网络中奖真够狠，奖品多是笔记本
领奖先要手续费，买个教训实在贵
防范网络的骗术，不贪便宜要记住
一旦难分假和真，110咨询最放心

（三）防范街头诈骗伤害的措施

1. 社会对街头诈骗伤害的防范措施

第一，适时开展专项斗争，狠狠打击街头犯罪活动。政法各部门要密切配合，加大打击街头诈骗犯罪的力度，对街头诈骗犯罪做到快侦、快捕、快诉、快判，狠狠打击诈骗分子的嚣张气焰。

第二，齐抓共管，密切配合。各有关部门要形成合力，齐抓共管，营造良好的打击街头诈骗犯罪活动的氛围。银行部门要增强责任意识，对于中老年人，特别是中老年妇女在取较大数额现金时，要多留神，发现异常现象的要及时报告，充分发挥"110"联动作用。各群团组织要充分发挥职能作用，有针对性地开展打击和预防街头诈骗活动，教育广大居民要牢记"安全莫忘记，千万别大意，勿贪小便宜，时刻要警惕"。若是碰到诈骗犯罪分子，要迅速报案，决不让诈骗犯罪分子得逞。

第三，加大宣传力度，增强公民自我防范意识。一是要认真贯彻《公民道德建设实施纲要》，在城乡广泛开展"移风易俗、倡导新风"活动，狠刹求神问卜、聚众赌博、乱建坟墓之风，在社区积极举办内容丰富、形式多样、群众喜闻乐见的法律咨询和科技讲座，以促进法律知识、科学理念在城乡和社区群众中扎根。二是要充分发挥媒体作用，增强广大居民的自我防范意识。街头诈骗分子的骗术并不高明，有的还是低档次的重复，可为什么还是屡屡得手呢？这说明我们政府的宣传力度不够。因此，有关部门要充分利用广播电台、有线电视台、报刊、专栏等媒体作用，积极报道街头诈骗的新动向，剖析街头诈骗的典型案例，以提高广大群众真假识别能力和防骗警惕性。三是社区要经常性地开展中老年人座谈会、交流会、分析会，专门研讨街头诈骗的动态和预防街面诈骗犯罪的对策措施，不断提高中老年人预防街头诈骗的能力。

2. 个人对街头丢包诈骗伤害的防范措施

第一，市民外出时，对于主动上前套近乎的陌生人要有所提防，个人财物不要轻易暴露。

第二，市民如果在路上遇到他人声称拾得包物、钱财，并要求平分时，不要理睬这种捡钱、分钱的事情，更不要贪图小便宜，要知道天上是不会掉馅饼的；凡是以捡到钱包而分钱的，这里面都隐藏着诈骗。

第三，遇到他人要求去其他地方时，不要轻易答应；如果受害者已经被不法分子诱骗到僻静场所并被骗子纠缠，要求赔偿财物时，不要轻易反抗以免导致犯罪分子进行暴力抢劫，要想办法脱身，记住犯罪嫌疑人体貌特征，随后及时报警。

第三节　盗窃伤害

随着我国社会经济的快速发展，社会财富不断增加，民众的物质生活得到了空前的丰富，加之社会流动人口迅速增加，使得最古老的侵犯财产犯罪——盗窃在我国处于高发态势。本节主要介绍民众常见的几类案件。

【案例1】农村盗窃案件

随着春节临近，农村婚嫁、搬迁喜事不断，广大农村群众忙于走亲串戚，加之农村村寨分散、交通闭塞，村民自我防范意识和法律意识普遍不高，不法分子乘机潜入农村进行盗窃。

2010年12月以来，曲靖市师宗县部分乡镇陆续发生多起盗窃案，多家农户遭受巨大的经济损失。12 月10 日20 时许，师宗县竹基乡抵鲁村委会小龙甸村村民张某某发现家中被盗，造成损失价值16900 元。12 月13 日2 时许，师宗县雄壁镇长冲村委会长冲村村民郑某某于2 时左右发现家里的1 头黑色水牛被盗，损失价值6000 余元。①

【案例2】 入室盗窃

北京市公安局宣武分局几起近期侦破的刑事案件，其中一起专门进入高层住宅入室盗窃的系列案件反映出的问题，应引起社会的关注。

来自黑龙江省哈尔滨市的李某是一名入室盗窃惯犯。2007 年8 月31 日，这个入室盗窃惯犯被宣武公安分局再次抓获。经审查，自2006 年8 月以来，李某由原籍地到北京流窜作案，瞄准北京的高层住宅，采用通过互联网购买的开锁作案工具，先后在北京宣武、东城、西城、朝阳、海淀、丰台等区入室盗窃作案60 余起，窃得财物价值30 余万元，并返回原籍进行销赃。

公安机关的办案资料显示：现年46 岁的这名职业盗窃犯罪嫌疑人，曾在1999 年、2002 年、2003 年、2004 年，因入室盗窃分别被北京市公安局西城、海淀、丰台分局等先后打击处理。可以说，这是个劣迹斑斑的"多进宫"累犯。

此案还暴露出一个社会问题，犯罪嫌疑人使用的作案工具是从网上购买的，出售作案工具的人自始至终没

---

① 转引自云南省公安厅新闻办2010 年4 月21 日。

有露面，是通过快递将作案工具送到作案人手中的。现代社会的发展，给人们带来了便利，但也出现了危害人们正常生活的隐患。

据警方了解，网上售卖的用于犯罪的破坏性工具科技含量颇高，且购买极为方便。这种新型的犯罪方式已对正常的社会生活构成了相当的威胁，是我们的法律和社会管理的边缘。如果社会有关方面不抓紧应对，管理措施跟不上，势必会给人民群众的正常生活带来危害，影响社会的和谐稳定。[①]

【案例3】 盗窃电动自行车

电动车被盗案件近年来频频发生，公安机关在处理案件时发现，一些市民安全意识薄弱，随意停放电动车，购买使用劣质车锁以及公共场所人防、技防措施不健全是造成电动车丢失和追回困难的主要原因。张某、付某是外地到洛阳打工的一对农民夫妻。二人都只有小学文化，也没什么特长。张某当临时搬运工，付某则在餐馆洗盘子。由于收入低，连房租都难以支付，遂起盗心。一天，二人窜到西工区道北路的"西城量贩"门口，由付某望风掩护，张某用随身携带的工具将一顾客在此停放的一辆电动自行车前插锁撬开后，骑车逃离现场。二人均被判处拘役3个月，罚金1000元。[②]

---

① 新华网·北京频道2007年9月18日。

② 许剑铭：《电动车被盗增多　民警提示加强防范》，载新华网2008年4月6日。

【案例4】利用计算机网络实施盗窃

被法学界称为 1998 年中国十大罪案之一的全国首例利用计算机盗窃银行巨款案，于 1999 年 12 月 2 日上午二审宣判。主犯之一郝景文维持原判判处死刑，其哥哥郝景龙因检举郝景文其他重大犯罪事实被免于死刑。郝氏兄弟为镇江市人，哥哥郝景龙原是工商银行镇江市分行职员，曾在工行扬州分行参加过业务培训，对工行计算机系统和扬州工行营业网点情况十分熟悉。弟弟郝景文为无业人员。1998 年 8 月，两人分别用假名在扬州市工行某储蓄所开设了 16 个活期存折，一个多月后，弟弟郝景文潜入该储蓄所，安装了哥哥郝景龙制作的计算机侵入装置，郝景龙操作侵入装置向 16 个账户各转入 4.5 万元共计 72 万元。随后，两人分别在 8 家储蓄网点提取现金 26 万元。案发后 20 天，两人相继落网。[①]

盗窃案件是指以非法占有为目的秘密窃取数额较大的公私财物或者多次盗窃公私财物的犯罪案件。在现代社会中，盗窃犯罪一直是刑事案件中占第一位的多发罪，直接影响人们日常生活，以其数量巨大成为危害社会治安的主要因素。盗窃案件的发生给社会和人民群众的财产造成一定的损失，具有较大的社会危害性。

一、农村盗窃案件的特点

（1）具有跨地区性。部分地处交界的农村地区，盗窃大牲

---

① 转引自中国法院网 2004 年 4 月 12 日。

畜案件形成跨地区作案。犯罪分子潜入异地流窜作案，作案后迅速转移赃物。

（2）利用交通工具。犯罪分子为及时逃离现场和逃避追查，利用汽车等交通工具，通过手机等现代通信手段进行相互间的联络。

（3）团伙作案。犯罪分子组成团伙跨地区内外勾结，分工密切，形成偷盗、中转、藏匿、贩卖一条龙犯罪。

（4）盗窃对象以大牲畜为主。现金和便于藏匿的值钱物品也成为盗窃主要对象。

二、入室盗窃、盗窃电动自行车案件的特点

（1）作案时间大多数在夜间。盗窃就是一种秘密窃取，犯罪分子为了逃避法律的制裁作案时大多选择夜深人静不易被人发现的时机。

（2）犯罪前多有预谋踩点活动。盗窃犯罪分子为了达到秘密窃取的目的，总是要想方设法去熟悉作案现场的环境，并为盗窃准备条件。尤其一些想作大案的犯罪分子，在作案前一般都要经过预谋踩点的过程。

（3）作案时多采用钢钳、撬棍、大号螺丝刀及通过互联网购买的开锁等工具。犯罪分子作案时多采用钢钳、撬棍、大号螺丝刀等工具强行破坏门锁或扒开窗户钢筋入室盗窃。

（4）手段隐蔽多样，具有智能化、专业化的发展趋势。在公安机关不断加人对盗窃犯罪的打击力度，盗窃犯罪分子为了逃

避打击，作案手段也越来越狡猾隐蔽。戴手套作案，作案后破坏现场已经司空见惯。犯罪分子在作案前进行预谋、踩点，研究盗窃的专业技术和逃避打击的对策。

（5）盗窃行为多有连续性和习惯性。盗窃犯罪分子由于其经济和心理上的需要，往往连续盗窃作案。为了保证作案的成功率，在盗窃目标、作案目标以及作案时间的选择上，犯罪分子多习惯选择相对固定的作案目标和作案时间。绝大多数犯罪分子总结出一种适合自己特点的、成功率较高的作案手法，并且通过反复强化，使这种作案手法成为习惯定型，在盗窃作案时本能地体现出来。

（6）流窜盗窃和团伙盗窃犯罪比较突出。对盗窃犯罪分子来说，经常在一个区域作案就容易暴露，流窜盗窃可以有效地逃避打击。盗窃犯罪分子在流窜过程中，常常以打零工、做生意、投亲访友等形式为掩护，在所到之地寻找作案机会。另外，团伙盗窃也是盗窃案犯罪一个比较突出的特点，一个人作案时有很多困难，缺少必要的分工配合，有些犯罪行为无法完成，一旦结成盗窃团伙，既可以互相壮胆，又可以分工合作经常作一些大案。上述案例都反映出这些特点。

三、利用计算机网络盗窃案件的特点

利用计算机网络实施盗窃犯罪，标志着盗窃罪的高科技化。现代计算机和网络技术的发展，深刻改变了人们的工作和生活方式，网络成为现代社会高效、便捷的信息交流渠道，利用互联网实施盗窃行为这几年在我国时有发生。与传统的盗窃犯罪相比，网络盗窃犯罪具有一些自身的特点。

（一）犯罪主体低龄化

在网络盗窃犯罪中，青少年占有相当大的比例。伴随着网络的普及，接受新事物较快、对网络情有独钟的青少年在网民中所

占比例越来越大，盗窃犯罪主体的低龄化也逐渐体现。网络盗窃的犯罪主体年龄均在 20 岁左右。犯罪主体的身份情况比较复杂，有在校学生，也有在职人员，其中无固定职业人员占多数。

（二）犯罪手段专业化

近年来，随着网络支付日趋频繁，一些不法分子利用互联网支付平台的漏洞，使用"木马"病毒盗取银行账号和密码，进入被害人账户后直接将资金转走，然后通过游戏点卡等虚假产品的电子支付平台转移赃款的情况逐步凸显。在这个过程中，用于盗取用户名和密码的"木马"病毒起了重要作用。制作"木马"病毒需要掌握计算机技术的专业人员或对计算机有特殊兴趣并掌握网络技术的人员，他们大多具有较高的智力水平，既熟悉计算机及网络的功能与特性，又洞悉计算机及网络的缺陷与漏洞。他们能够借助本身技术优势对系统网络发动攻击，对网络信息进行侵犯，并达到预期的目的。

（三）犯罪形态产业化

随着电子商务的突飞猛进，网上购物越来越频繁，针对网上银行进行盗窃的犯罪越来越多，分工也越来越细化。有人专门制作和贩卖用于盗窃银行账号的"木马"病毒，有人专门通过各种途径发送"木马"病毒、窃取被害人银行账号和密码，有人专门通过利用虚拟产品的电子支付平台快速转移赃款以掩盖资金来源。网络盗窃犯罪已不再是单一化的盗窃行为，而是围绕网络盗窃形成了一条产业链，这不仅使网络"公害"不断加剧和复杂化，而且带来了严重的社会问题。

四、对各种盗窃罪的刑法判定

《刑法》第二百六十四条规定："盗窃公私财物，数额较大或者多次盗窃的，处三年以下有期徒刑、拘役或者管制，并处或者单处罚金；数额巨大或者有其他严重情节的，处三年以上十年以下有期徒刑，并处罚金；数额特别巨大或者有其他特别严重情节的，处十年以上有期徒刑或者无期徒刑，并处罚金或者没收财产；有下列情形之一的，处无期徒刑或者死刑，并处没收财产：（一）盗窃金融机构，数额特别巨大的；（二）盗窃珍贵文物，情节严重的。"

根据《最高人民法院关于审理盗窃案件具体应用法律若干问题的解释》（以下简称《解释》），所谓"盗窃金融机构"，是指盗窃金融机构的经营资金、有价证券和客户的资金等，如储户的存款、债券、其他款物，企业的结算资金、股票，不包括盗窃金融机构的办公用品、交通工具等财物的行为。

"盗窃珍贵文物，情节严重的"主要是指盗窃国家一级文物后造成损毁、流失，无法追回；盗窃国家二级文物三件以上或者盗窃国家一级文物一件以上，并具有下列情形之一的：①犯罪集团的首要分子或者共同犯罪中情节严重的主犯；②流窜作案危害严重；③累犯；④造成其他重大损失的。该《解释》规定了上述"数额巨大"的标准，一般是指个人盗窃公私财物价值人民币5000元至20000元以上的。"数额特别巨大"一般是指个人盗窃公私财物价值人民币30000元至100000元以上的。

该《解释》第六条第三项规定"其他严重情节"、"其他特别严重情节"，指盗窃数额达到"数额较大"或者"数额巨大"的起点，并具有下列情形之一的，可以分别认定为"其他严重情节"或者"其他特别严重情节"：①犯罪集团的首要分子或在共同犯罪中情节严重的主犯；②盗窃金融机构的；③流窜作案危害严重的；④累犯；⑤导致被害人死亡、精神失常或者其他严重后果的；⑥盗窃救灾、抢险、防汛、优抚、扶贫、移民、救济、医疗款物，造成严重后果的；⑦盗窃生产资料，严重影响生产的；⑧造成其他重大损失的。

网络盗窃属于广义的计算机犯罪。我国《刑法》第二百八十五条规定的"非法侵入计算机信息系统罪"，该罪是指违反国家规定，侵入国家事务、国防建设、尖端科学技术领域的计算机信息系统的行为。本罪所侵犯的客体是国家重要计算机信息系统的安全，犯罪对象是国家事务、国防建设、尖端科学技术领域的计算机信息系统。客观方面表现为违反国家规定，侵入上述三类计算机信息系统的行为。而主观方面只能是故意，即明知是该类系统而故意侵入。触犯本罪处三年以下有期徒刑或者拘役。

《刑法》第二百八十六条规定的"破坏计算机信息系统罪"是指违反国家规定，对计算机信息系统功能进行删除、修改、增加、干扰，造成计算机信息系统不能正常运行，或者对计算机信息系统中存储、处理或传输的数据和应用程序进行删除、修改、增加的操作，或者故意制作、传播计算机病毒等破坏性程序，影响计算机系统正常运行，后果严重的行为。本罪所侵犯的客体是国家对计算机信息系统的管理制度。客观方面表现为行为人违反国家规定，破坏计算机信息系统，且后果严重的行为。主观方面只能是故意。触犯该罪的，处五年以下有期徒刑或者拘役，后果特别严重的，处五年以上有期徒刑。

从司法机关处理的网络盗窃案件来看，以盗窃罪定罪的网络盗窃行为主要有以下几种：

第一，通过互联网直接盗窃、盗用资金。

第二，窃取用户名和密码上网。窃取用户名和密码上网的现象已成为带有一定普遍性的社会问题。据电信部门的不完全统计，目前，网上偷窃主要的非法入侵手段有两种：技术窃取（俗称黑客）和一般窃取。前者所花费的时间、精力比较多，而且成功率又非常低，使用的人很少。绝大多数违规者会选择后一种方法。从发现的一般窃取情况看，又以三类现象较常见：一种是在家中使用电脑时，用户名和密码无意间被旁人看见，最终被他人使用；二是电脑公司人员来家中安装、维修电脑时，顺手牵羊，将私人的用户名和密码窃取，有的是自己使用，有些人却进行买卖，一般是数十元一个用户名和密码，这占此类现象的40%；三是发生在大学寝室内，同学间窃取用户名和密码的现象普遍存在。

第三，随着计算机和网络对社会生活各个方面的更深刻的渗透，人类财富大量地以数字的形式存在于连接世界各地的计算机网络中，可以预见，利用互联网实施的盗窃犯罪，从数量上将会出现得更多，形式将会更为隐秘，而侦破的难度将会超过任何一种犯罪。有专家已经发出警告，可能在未来的两年时间，针对数千名互联网用户的"大规模侵扰"将会发生，而且这种网络攻击的目标不再是故意破坏行为，而是一种偷窃行为，偷窃用户个人信息；如果什么时候一场大规模网络盗窃真的发生了，贼很可能还会逃脱惩罚。法律部门要想解决这些问题，也将会面临很大的困难。网上犯罪给法律工作者特别是刑事法律工作者提出了新的课题和挑战。而预防网上犯罪，增强网络安全，更是一个严峻的课题。

第四，从目前来看，网上盗窃犯罪显然只是刚刚开始，随着互联网像电话一样在我们生活中普及，可以预见，网上盗窃将会是盗窃罪的主要形式。而从现在开始，通过互联网实施的盗窃行为，其数量与危害性，以与互联网的发展速度成正比的速度一年比一年地快速增多。

五、防范盗窃伤害的建议

在人们的日常生活中，盗窃案件也会时常发生在我们身边，因此，如何防范不法分子盗窃侵害，我们需要掌握一定的防盗方法和技巧。我们可以做两个方面的工作，首先是要知道盗窃案件发生的一些特点，其次是懂得一定的防盗方法和技巧。

（一）防范农村盗窃伤害的措施

部分农村对牲畜进行放养，或牲畜圈厩离住宅较远且未作加固防范，所以牲畜被盗后难以及时发现。同时，犯罪分子一般为流窜作案，案发后赃物难以追回。警方建议广大农村群众采取以下防范措施：

（1）要提高防范意识，妥善管理自己的牲畜和钱物。大牲畜尽量不要随意放养，晚上要关入圈厩且采取加固圈门、上锁等措施加强防范。同时，夜间注意进行检查。大笔现金及时存放银行，不要放在家中。

（2）要加强邻里间的相互守望，积极组织村民分班、分期、定时巡逻，及时防范、发现问题。

（3）加大对不明身份人员、车辆的排查。由于大多数作案人员乘有交通工具，且作案前一般会事先踩点。广大农村群众对进村的可疑人员及车辆要及时上前询问、了解情况，必要时要及时向当地公安机关反映。

（4）增加法制观念，抵制违法犯罪行为。犯罪分子为及时销赃，一般会低价出售被窃而来的财物。广大农村群众发现有人以非正常低价兜售牲畜等可疑行为时，不要购买并及时向公安机关报案。

（二）防范入室盗窃、盗窃电动自行车伤害的措施

居民如何作好自身防范，防止盗窃案件的发生，避免人身伤亡和财产损失。具体的做法和措施如下：

（1）要提高安全防范意识。针对特定的门、窗，可采用技防措施进行安全防范。居民到市场购买防盗设备，安装在相关部位以防盗。外出要注意关好门窗，晚上睡觉前将门窗关严，是拒贼于门外的最有效手段。

（2）设置简易报警装置。晚上睡觉前，可在窗台上放置空酒瓶或铁盆等物，窃贼一旦爬楼撬窗，将放置的空酒瓶、铁盆等物碰倒在地，必会发出响声，一方面惊醒户主采取相应措施，另一方面也会吓跑窃贼。如果窃贼进入家中采取的措施：首先，遇贼不要惊慌。面对拿凶器的窃贼，先要冷静周旋，学会保护自身，寻机报警。在窃贼没有凶器时，可大声喊叫，及时求助外援。若妇女、儿童在屋内碰到窃贼时，注意随机应变，必要时先让盗贼逃跑，记住其体貌特征，事后及时报警。

（3）加强小区巡逻防范工作。小区物业、保安要加强巡逻，特别要提高易发案地区、时段的巡逻频率。对在路面的可疑车辆、可疑人员要有所留意。广大住户之间要加强邻里间的守望，发现可疑情况及时通知小区保安或直接报案。

（4）家中贵重财物要妥善存放，发现自己财物被盗，要注意保护现场并及时向公安机关报案。

（5）居民要加强电动自行车防盗意识，在住宅小区、医院、广场、商场等公共场所不要随意乱停乱放，要停放到有人看管的

停车场，将车锁牢，不给犯罪分子有可乘之机。同时电动车的电瓶要加固，将车身锁在一起，以防窃贼盗走电瓶。

（三）防范网络盗窃伤害的措施

（1）加强与完善计算机网络方面的立法。根据网络社会的特征，逐步完善网络盗窃犯罪方面的立法。一是在刑法等实体法中进一步明确盗窃罪的犯罪对象，将网络虚拟财产纳入法律保护的范围；二是在刑事诉讼法等程序中增加关于电子证据的提取、检验与固定、审查与举证等方面的规定；三是制定立法解释或司法解释，细化网络犯罪案件的地域管辖。

（2）多部门多区域联动，整体推进，建立社会防控网络。网络盗窃犯罪中涉及多笔跨地域发生的交易，在案件侦查过程中，涉及公安、工商、工信、银行、电信运营商、第三方支付平台等多个地区的多个政府部门和企业主体，执法成本高、沟通效率低，因而对犯罪的打击不力，很多受害者无法得到及时救济。只有多个部门、多个区域联动集中打击，才能形成预防和打击网络盗窃犯罪的合力。目前，公安部门有网络报警平台、居民身份核查系统，银行有全国联网清算系统，工商部门也正建立全国性的网络监管系统。只有把这些系统对接、实行信息共享，各部门各司其职，加强网络监管力度，才能最大限度地防止网络犯罪的发生，并有效地对网络犯罪进行打击。

（3）加强法制教育，增强网民的法制观念和自我保护意识。一方面，通过法律、法规的宣传和普及，教育广大网民尤其是青少年自觉守法，从而清洁网上环境，规范网上行为。可以充分利用网络提供的技术和条件，设立法制教育网站，提供咨询服务，将最新案例进行公布，并可以通过电子邮件等方式，对某些人员及机构提供法制教育方面的服务；另一方面，要增强广大网民的自我保护意识，提高自我防范能力，不轻信虚假信息，不随意浏览、查看、下载有害信息。个人密码常改常换，防止泄漏。机密信息不要轻易存入计算机，涉密计算机不要上网。

第四节　抢劫伤害

抢劫，是指以非法占有为目的，以暴力胁迫或者其他方法施行将公私财物据为己有的一种犯罪行为。抢夺，则是指以非法占有为目的、乘人不备公然夺取他人的财物的一种犯罪行为。两类犯罪行为有区别又有联系，都会侵害他人的人身权利，且容易转化为凶杀、伤害、强奸等恶性案件，比盗窃犯罪更具有社会危害性。

【案例1】4名蒙面人持枪入室抢劫3万余元现金

2009年1月29日，随着犯罪嫌疑人黄×华、黄×波的落网，案发后4天，廉江市"1·25"持枪抢劫案告破。

除夕凌晨零时25分左右，家在廉江市塘蓬镇岭塘公路边的黄×伟和家人、亲朋好友等11人正在家娱乐时，4个蒙面人突然闯进屋，这4人分别持三支猎枪和一把砍刀。歹徒进屋后，将当时在场的人身上的现金等财物全部抢走，共抢得屋内11名事主的现金3万多元，港币1000元，手机13台，金项链一条。接到报案后，廉江市公安局迅速成立专案组，与派出所干警一起展开破案工作。天亮后，专案组根据被害人提供的作案歹徒语言等特征，在附近村庄挨家逐户走访了大量的群众，对案发周边地区的重点人员进行了排查。至案发当天下午5时许，专案组民警发现黄×华（塘蓬镇人）、黄×波（塘蓬镇人）、林×国（吉水镇人）等三人有重大作案嫌疑。在锁定目标后，专案组遂对这三人进行严密布控，1月28日，专案组获知3名犯罪嫌疑人的落脚地点后，决定进行抓捕。当天下午6时许，民警在廉城某宾馆抓获了犯罪嫌疑人林×国。经过现场审讯，林交代了自己参与"1·25"持枪抢劫案的犯罪事实，同时，民警在林某的家中缴获猎枪3支，子弹18发，砍刀一把，蒙面口罩等作案工具，还追回被抢的全部手机13台，人民币1500元，港币1000元等赃物一批。

另一路民警赶到长山镇，把犯罪嫌疑人黄×华和黄×波的落脚点包围起来。次日早上9时，特警翻过围墙，一举抓获黄×华、黄×波，并从这两人身上缴获被抢的黄金镶玉吊坠项链一条，作案用的摩托车一辆。至此，廉江市"1·25"持枪抢劫案，在案发4天后侦破。经初步审讯，该三名犯罪嫌疑人已交代了伙同他人在1月25日持枪抢劫的犯罪事实。①

【案例2】街头抢劫案件

2010年12月，邯郸市邯山区发生了多起飞车抢劫案。案发后，当地警方经过并案分析，并在市公安局有关部门的配合下，一举摧毁该团伙，5名团伙成员悉数落网，破案10余起。

几天前，邯山区滏园刑警队民警接到群众报案称，其当日行至水厂路某地时，被分骑两辆摩托车的5名男子无故殴打后，抢走现金100元及手机1部。接警后，办案民警迅速赶往案发现场并展开案件侦破工作。经过

①　转引自《羊城晚报》2009年2月4日。

民警大量的案件分析,确定该案件的作案手段、时间和
特点与辖区近期发生的多起抢劫案件相似,系同一伙犯
罪嫌疑人所为。

随后,民警根据前期所掌握的线索,并在市公安局
相关部门的配合下,成功将犯罪嫌疑人宋某抓获归案。
为尽快抓捕其余犯罪嫌疑人,民警对其进行审讯,最
终,他交代了事发当日,与其余4名同伙在水厂路实施
抢劫的犯罪事实。根据宋某的交代,办案民警乘胜追
击,相继将其余4名犯罪嫌疑人抓获归案。

经讯问,自今年八九月份以来,该团伙为贪图享
受,先后在市文化官广场等地,手持木棍等作案工具实
施抢劫作案10余起。①

一、抢劫案件的特点

（一）犯罪分子在作案前多有预谋和策划

抢劫犯罪性质严重,社会危害性大,历来是我国法律打击的
重点。为了逃避法律制裁,确保作案顺利得手,犯罪分子在作案
前,绞尽脑汁进行预谋和策划,对作案的时间、地点、手段、人
员的分工及实施犯罪的过程,都要进行精心的谋划。

（二）犯罪分子多结伙作案,成员比较固定

抢劫犯罪是暴力型犯罪,犯罪分子在实施犯罪的过程中,一
般都与被害人有正面接触,容易遭到被害人的反抗,因此,他们
往往结伙作案,人多势众,给被害人在心理上、精神上施加压
力,使被害人不敢反抗、不能反抗或反抗不成,以达到轻易制服

---

① 转引自《邯郸日报》2010 年 12 月 20 日。

对方、抢劫财物的目的。抢劫犯罪团伙一旦形成，一般不会轻易接纳新的成员，团伙成员一般比较固定，以逃避打击。作案前，他们共同研究作案方法及作案手段；作案后，共同挥霍赃款、赃物，并订立攻守同盟，一旦团伙成员有被公安机关抓获的，所有责任由一人

承担，绝不供出其他成员及公安机关不掌握的其他犯罪事实。据统计，抢劫犯罪案件，犯罪分子结伙作案的占80%以上。

（三）犯罪分子多持械作案，作案手段残忍

抢劫犯罪的直接目的是劫取财物，为达到犯罪目的，犯罪分子不择手段，不计后果。作案时多持械威胁，稍遇反抗便施以暴力，甚至铤而走险，行凶杀人，对被害人的人身加以伤害。抢劫作案手段归纳起来有以下几方面：一是施用暴力侵袭，采取堵嘴、捆绑、殴打、伤害、行凶杀人等残忍手段，使被害人不能反抗而被迫交出财物；二是施用暴力威胁，持刀、枪、爆炸物等威胁、恐吓，使被害人不敢反抗而被迫交出财物；三是利用给被害人食药、喝毒酒等手段致被害人昏迷或以催眠的方法使被害人处于昏睡状态，不知反抗而抢走财物。

（四）在抢劫案中有的犯罪分子为流窜作案，大多数又是以抢劫为常业

其骨干成员往往是受到过打击，但仍不思悔改的刑满释放、劳教解除人员，自恃有逃避法律打击的招数，目空一切，屡教不改。他们具有极强的犯罪意识和极强的侥幸心理，一旦作案得手，便一发不可收拾，作案次数多，抢劫数额大。同时，他们又具有

强烈的反侦查意识，为了逃避打击，习惯于流窜作案，甲地作案，乙地销赃，此地得手，彼地再干，以逃避公安机关的侦察视线。

（五）从入室抢劫案件看，多发生在居民住宅、农民出租房内或街边店内、厂矿企业也时有发生

其常用的手段有敲门、溜门入室（冒充查水电、送资料等），也有采用爬窗、撬门等手段入室实施抢劫。许多入室抢劫案是由入室盗窃转换而来的，比如在夜间盗窃时，事主惊醒发现盗窃者后就由盗窃转化为抢劫。从案犯角度分析，其初始主观意图是想获得财物，并不想对被侵害人造成人身伤害的，即抢劫并不是案犯的初始想法。但在犯罪的环境发生改变的情况下，为了巩固自己已经取得的财物或者保护自己不被抓获和伤害而对被害人实施暴力。

我国《刑法》对抢劫罪的处罚规定："抢劫罪，是以非法占有为目的，对财物的所有人、保管人当场使用暴力、胁迫或其他方法，强行将公私财物抢走的行为。"

《刑法》第二百六十三条的规定："以暴力、胁迫或者其他方法抢劫公私财物的，处三年以上十年以下有期徒刑，并处罚金；有下列情形之一的，处十年以上有期徒刑、无期徒刑或者死刑，并处罚金或者没收财产。"抢劫罪的处罚有两个法定量刑幅度，一是较低的法定刑幅度，适用于一般情形的抢劫罪，适用"三年以上十年以下有期徒刑，并处罚金"；另一个是较重的法定刑幅度，适用于具有法定的八种严重情形之一的抢劫罪，适用"十年以上有期徒刑、无期徒刑或者死刑，并处罚金或者没收财产"。《刑法》第二百六十三条规定应以"十年以上有期徒刑、无期徒刑或者死刑，并处罚金或者没收财产"的八种严重情形为："（一）入户抢劫的；（二）在公共交通工具上抢劫的；（三）抢劫银行或者其他金融机构的；（四）多次抢劫或者抢劫

数额巨大的；（五）抢劫致人重伤、死亡的；（六）冒充军警人员抢劫的；（七）持枪抢劫的；（八）抢劫军用物资或者抢险、救灾、救济物资的。"

二、防范抢劫伤害的建议

（一）防范入室抢劫伤害的措施

居住在楼房单元里的居民所处的环境相对封闭，遇到歹徒入室抢劫时常处于孤立无援的境地，如果应对不当，就可能使歹徒得逞，甚至使自己受到伤害。因此，遇到入室抢劫时一定要冷静，镇定自若地与歹徒巧妙周旋，则能有效地自救。

（1）在家里，要关好房门，有人按门铃、敲门，先从猫眼观察，并问清楚对方的情况再开门，不要随便开门，尤其是晚上，以防不法分子入室抢劫。

（2）如果在家时，比如晚上入睡后，发现小偷入室偷窃，这时不要惊慌失措，要冷静思考对策。如果歹徒持凶器抢劫，应避免与歹徒发生冲突被歹徒伤害。

（3）观察歹徒的行为举止，如遇到蒙面歹徒，要记下歹徒的身高、衣着、口音、举止等特征，为警方提供破案线索。

（4）歹徒作案逃离后，立即报警，但要注意保护现场，歹徒用手摸过的物品不要马上收拾，留给警方提取现场物证。

（5）有些入户抢劫案件是受害人的熟人或是熟悉被害人家庭的人所为。案发后受害人应尽量回忆案发前遇到的可疑人、可疑事，比较歹徒和自己周围熟人的口音、举止、体貌特征等是否相像，但是在案件发生时千万不能当面指认歹徒，以免歹徒因怕被抓捕而行凶灭口。

（6）夜间单独回家时开门前要提高警惕，先观察周围，防止犯罪人员尾随入室抢劫。

（7）当你外出回家时，如果发现门开着或是门锁被撬坏，要立即警觉起来，应想到家里可能进了小偷。这时应对的措施是：第一，不可立即冲进家里，要先观察一下室内是否有异常情况。如果发现小偷正在行窃，千万不要大喊大叫，要马上找来邻居或保安人员，将小偷扭送派出所。第二，如果小偷作案后已经逃跑，要立即报警，并注意保护现场，等警方检查现场后再收拾房间。第三，如果发现小偷正在逃离，可呼叫周围的人一起抓小偷，同时记住小偷的特征和逃离去向。如果小偷是开车来的，要设法记下车牌号码，及时向公安机关报告，协助破案。第四，特别是面对持刀行窃的歹徒，在个人力量薄弱的情况下，尽量不要单独与其正面冲突，以免受到伤害。

（二）防范街头抢劫伤害的措施

1. 防范飞车抢夺

第一，犯罪人员一般是两人骑摩托车，从被害人身上抢走钱包、手机和金银首饰等贵重物品。因此，外出时少带现钞，走路要走人行横道，不要离机动车道太近，更不要走车行道，拎包要放在胸前，背包最好靠右侧斜背。对于周围可疑车辆、人员要提高警惕，特别是对驾驶摩托车行使速度慢，骑车人东张西望，故意遮盖车牌等异样情况，要加强防范，以免遭到骑车歹徒袭击。第二，手机最好不要挂在胸前，放在口袋里比较安全，打电话时要注意身边是否有可疑的陌生人，以防手机被抢。第三，骑自行车时不要随意将随身包物，特别是贵重物品不加固定地放置自行车兜里，防止不法分子用绳子、铁丝插入车轮，等你转过头去看时把物品抢走。

2. 防范街道上的抢劫

第一，不要在公开场合暴露巨额现金和金银首饰、文物等贵重物品。第二，不要在夜间到公园、绿化带内休息；更不要在夜晚走一些人少且没有路灯或者灯光很暗的马路；也不要到一些偏僻的地方，如必须经过，则尽量与他人同行。第三，遇陌生女子引诱你或是请你到某一地方玩，切勿随意跟着走，防止被色情抢劫。第四，如遇抢劫，街道上行人多，可以高声呼喊"抢人啦，抢人啦，抓坏人"。第五，被抢劫后要马上报警，请求警方帮助。

第三章 交通安全

我国地域广大，人员众多，且流动量大，加之城乡道路复杂，车辆及行人的交通违法行为普遍，造成交通事故的频率高，已经成为一个突出的社会问题。

第一节 行走、骑车

频发的交通事故中，与行人有关的占有很大比例，加之对交通参与者的科学管理不够完善，使得我国由行人引发的交通事故非常突出。

行人交通事故中，由行人违章行为引发并导致行人死伤的情况较为常见。其中少年儿童及老年人等弱势人群的死亡率最高。与老年人有关的交通事故多发生在横过马路时。老年人交通事故死亡率高的原因在于，老年人身体机能衰退，反应迟钝，行动缓慢，往往对高速行驶的机动车辆躲避不及。少年儿童死亡率高的主要原因在于，他们缺乏交通安全意识。不懂得车辆的基本性能，也不懂得交通规则及预防交通事故的知识，幼儿和低龄儿童在没有大人保护的情况下单独活动或几个儿童在一起追逐打闹、横过马路而引发交通事故的情况最为常见。

【案例】田某在马路的对面看到一熟人，急不可待要和此人打招呼，便横穿马路而过。此时，恰好一辆客运车辆经过。客车驾驶员为避免撞上田某，急打方向，致使客车撞到对面行驶而来的一辆大货车，造成客车上三名乘客死亡、三人重伤、汽车损坏的严重后果。随后，公安机关展开调查，经过对事实情况的认定，认为田某涉嫌犯交通肇事罪。[①]

一、交通肇事的相关法律规定

根据我国《刑法》及相关交通法规的规定，田某确实涉嫌构成交通肇事罪。

尽管交通肇事者多为机动车驾驶员，但不是只有机动车驾驶员才能成为交通肇事罪的主体。《刑法》第一百三十三条规定："违反交通运输管理法规，因而发生重大事故，致人重伤、死亡或者使公私财产遭受重大损失的，处三年以下有期徒刑或者拘役；交通运输肇事后逃逸或者有其他特别恶劣情节的，处三年以上七年以下有期徒刑；因逃逸致人死亡的，处七年以上有期徒刑。"

可见，不管什么人，即便是走路的行人或骑自行车的人，只要是违反了交通运输管理法规，导致重大事故发生，就可能构成交通肇事罪。

要确定田某是否涉嫌犯交通肇事罪，关键是看其横穿马路的行为是否违反了交通管理法规。

《道路交通安全法》：

第二条 中华人民共和国境内的车辆驾驶人、行人、乘车人以及与道路交通活动有关的单位和个人，都应当遵守本法。

第六十一条 行人应当在人行道内行走，没有人行道的靠路

---

① 作者整理。

边行走。

第六十二条 行人通过路口或者横过道路，应当走人行横道或者过街设施；通过有交通信号灯的人行横道，应当按照交通信号灯指示通行；通过没有交通信号灯、人行横道的路口，或者在没有过街设施的路段横过道路，应当在确认安全后通过。

第六十三条 行人不得跨越、倚坐道路隔离设施，不得扒车、强行拦车或者实施妨碍道路交通安全的其他行为。

《刑法》第一百三十三条规定："违反交通运输管理法规，因而发生重大事故，致人重伤，死亡或者使公私财产遭受重大损失的，处三年以下有期徒刑或者拘役……"

《最高人民法院关于审理交通肇事刑事案件具体应用法律若干问题的解释》：

第一条 从事交通运输人员或者非交通运输人员，违反交通运输管理法规发生重大交通事故，在分清事故责任的基础上，对构成犯罪的，依照刑法第一百三十三条规定定罪处罚。

第二条 交通肇事具有下列情形之一的，处三年以下有期徒刑或者拘役：

（一）死亡一人或者重伤三人以上，负事故全部或者主要责任的；

（二）死亡三人以上，负事故同等责任的；

（三）造成公共财产或者他人财产直接损失，负事故全部或者主要责任，无能力赔偿数额在三十万元以上的。

田某横穿马路时没有走人行横道，也没有观察当时过往车辆情况，在客车临近时突然横过马路，违反了《道路交通安全法》有关规定。而且由于他的违章行为直接导致了三死三伤的严重后果。对照《刑法》的规定，田某已经涉嫌构成交通肇事罪，必须承担相应的法律责任。

二、徒步行走交通安全建议

（1）行走时，应小心与行车区域保持距离，切记不要为避让路面泥水、道路障碍或车辆溅起的泥水、尘土而突然进入行车区域。雨具、遮阳伞或衣服切勿遮挡视线和听觉，以防因为没有听见、看见道路状况而造成交通事故。在有专设人行道的道路上行走时应走人行道，如没有人行道，应紧靠道路右侧行走，遇到行进方向有障碍物时，需要暂借机动车道通行，必须注意观察道路情况。同时注意观察判断行驶的机动车辆，待确认安全后方可通行。

（2）酒后由于判断能力下降，安全起见，应避免在街道、道路上闲逛。而醉酒后通常意识不清，此时不应单独行走，需有人陪护。不要在道路上玩耍、坐卧或进行其他妨碍交通的行为，勿让孩子在车道上乱跑嬉戏。切勿不看车辆匆忙去捡掉落在地上的物品或小孩子的玩具。如遇夜间视线不良的情况时要注意路上的障碍和路中的井盖，防止摔倒或跌入。应更加注意防范由于视线不佳导致的驾驶员观察不清楚引起的车祸。

（3）通过路口或横过马路时，按照交通信号灯指示或听从交通民警的指挥通行。有交通信号灯控制的人行横道，应做到红灯停、绿灯行，不闯红灯信号，绿灯时顺人行横道快速通过。从没有交通信号控制的路口通过时，需细心观察各个方向车辆，待确认其距离、车速及行驶状态后方可通过。不要追逐猛跑；有人行过街天桥或隧道的须走人行过街天桥或隧道。不可因为贪图近便任意横穿，更不可跨越公路防护栏，以防发生交通事故。切记不要争道抢行，侥幸急躁，更不可犹豫不决或掉头折返。

【案例】2010 年 3 月 29 日上午 8 时，刘某和往常

一样骑自行车出门，为了贪图方便，刘某没有按照规
定，骑行在行进方向右侧的慢车道上，而是选择了逆向
行驶。

刘某过去常看到自行车不遵守交通规则的情况。事
发当天公路上来往的车辆特别多，不想冒险骑自行车骑
过公路的刘某，认为自己骑的是自行车，速度不快，没
有必要像机动车那样，严格遵守交通规则，按照规定
骑行。

然而，正是因为刘某贪图"方便"，逆向行驶的她
和骑自行车正常行驶的杨某发生了刮擦，导致杨某的自
行车失控，驶入机动车道，被一辆正常行驶的机动车撞
倒。因为机动车来不及刹车，杨某及其自行车遭到机动
车碾压，杨某送医院后不治身亡。

事故发生后，经交警部门认定，导致本次事故的原
因，是刘某不按规定，逆骑自行车引起的，因此刘某
负本次事故的主要责任。①

根据我国《刑法》第一百三十三条规定："违反交通运输管
理法规，因而发生重大事故，致人重伤、死亡或者使公私财产遭
受重大损失的行为是交通肇事罪。"

刘某的行为是否构成交通肇事罪呢？

《道路交通安全法》第一百一十九条本法中下列用语的含义：
"车辆"，是指机动车和非机动车。"非机动车"，是指以人力或
者畜力驱动，上道路行驶的交通工具，以及虽有动力装置驱动但
设计最高时速、空车质量、外形尺寸符合有关国家标准的残疾人

---

① 作者整理。

机动轮椅车、电动自行车等交通工具。"交通事故",是指车辆在道路上因过错或者意外造成的人身伤亡或者财产损失的事件。

第五十七条:"驾驶非机动车在道路上行驶应当遵守有关交通安全的规定。非机动车应当在非机动车道内行驶;在没有非机动车道的道路上,应当靠车行道的右侧行驶。"

交通肇事罪的基本特征:

(1)客体特征。本罪侵犯的客体是交通运输安全。

(2)客观特征。本罪在客观方面表现为违反交通运输管理法规,致人重伤、死亡或者使公私财产遭受重大损失的行为。

①要有违反交通运输管理法规的行为;

②行为必须造成严重的后果,即交通肇事行为导致重大事故的发生;

③违反法规的行为与肇事结果之间应当有因果关系。

(3)主体特征。

本罪的主体为一般主体,即凡是达到刑事责任年龄、具有刑事责任能力的自然人都可以构成本罪。

刘某因为其逆向行驶导致严重交通事故发生,并造成他人死亡,符合交通肇事罪构成要件。根据有关法律法规,其行为已经构成了交通肇事罪。

在机动车与非机动车混行的交通中,骑自行车须有一定技巧。它本身又是一种安全性不高的交通工具,再加上道路条件差,自行车交通安全设施不健全,有些骑车人不遵守交通规则等原因,极容易造成行车事故。自行车交通事故也受骑车人及其他交通参与者行为的影响,如交通流,交通速度以及道路类型等都是影响自行车事故发生的因素。而自行车所造成的交通事故通常是比较严重的。

三、骑车出行交通安全建议

（1）饮酒后不要骑车上路，以免发生交通事故，必要时可徒步推行，禁止醉酒骑车。骑车应遵守交通法规，应注意观察判断道路情况，小心谨慎，主动做好预防措施，切忌麻痹、侥幸。

在道路上骑车时，不可与机动车争道抢行，不要随意进入机动车道，如果遇到障碍物需要借道行驶，需耐心观察确认机动车行驶状态，然后小心借道前行。骑车时不可追逐打闹，不可相互竞行，不可手持物品或者单手骑行，不要蛇形穿插、曲折竞驶。特别注意在车辆突然驶入前面停靠、开门或右转弯，挡住路线，躲避不及时造成事故。

（2）通过有灯光信号控制的路口，要按灯光信号行驶，不可冲闯信号，绿灯时小心快速通过，并注意观察路口车辆动态，注意规避违法行驶车辆。如遇无交通信号时，需细心观察各个方向车辆，待确认其距离、车速及行驶状态后方可通过。切记不要争道抢行，侥幸急躁，更不可犹豫不决或掉头折返。转弯、调头或横过公路时，要减速或停车观察，判断过往车辆的车速、距离，并注意避让车辆，必要时推车前行。切勿突然猛拐、横穿，以免造成交通事故。

切记：每个驾驶人都有疏忽失察、判断失误和采取措施不当的时候，也并不是所有的车辆都能遵法行驶。

（3）如遇雨、雪、雾等恶劣天气和冰雪、泥泞路面要更加警惕。雨具不要遮挡视线和听觉，不要为躲避路面泥水、道路障碍或车辆溅起的泥水、尘土而突然变道或横穿道路，加强自我防范意识，谨防路滑摔倒、车辆刮擦碰撞，必要时下车慢行。如遇夜间视线不良的情况时要注意路上的障碍和路中的井盖，防止摔倒或跌入。应更加注意防范由于视线不佳导致的驾驶员观察不清楚引起的车祸。骑车应遵守交通法规，不要骑车载人，运载货物时，货物不应过长、过宽、过重。否则极易造成严重的交通事故。

行人和非机动车骑车人都是道路交通参与者，遵守交通秩序，维护道路通畅，是每一个道路交通参与者的责任。

第二节　驾驶车辆

随着汽车的普及，我国已经成为全球最大的汽车市场。迅猛增加的车辆在为人们的生活提供便利的同时，也导致交通事故迅速增加。据统计，我国每年发生交通事故超过 50 万起，因交通事故死亡人数均超过 10 万人，为世界第一，因此造成的经济损失达数百亿元。实现"人车和谐，文明交通"，减少交通事故已成为我国道路交通管理的重要课题；提高交通安全意识，普及交通安全知识已成为构建和谐社会刻不容缓的任务和目标。

我国政府早已开始重视交通安全问题，2010 年初，中央文明办与有关部门联合开展了"文明交通行动计划"，同时也发出了行路驾车文明有礼的倡议。

【案例】2010 年 6 月 3 日，赵兴、陈宏宇与几位朋友相约到郊区郊游。当晚驾车回家的路上，一辆 MPV 乘用车突然超越赵兴，看到有人超车，赵兴不服气，欲提速回超那辆 MPV 乘用车。不料，那 MPV 乘用车在前面绕"S"形行驶，赵兴快，他就提速，赵兴慢，他就减速，就是不让赵兴超车。

受到挑衅的赵兴十分恼火，边鸣笛加速追赶，边拿起电话呼叫同伴。驾车跟随其后的陈宏宇，听到赵兴的呼叫后立马加速，瞬间追上去。于是三辆车联手上演了一场"公路极速飙车"。三车速度飞快，你追我赶，互不相让。在一处设有红绿灯的路口，陈宏宇乘机超到MPV乘用车前面，没有准备的MPV乘用车回避不及，猛地撞上了陈宏宇驾车的后尾部。

撞到陈宏宇后，MPV乘用车因害怕遭到报复，不敢停车继续朝前行驶。

本来就已失去理智的陈宏宇怒火中烧，狠踩油门，直逼MPV乘用车。MPV乘用车驾驶员被逼得慌了手脚，将方向盘拼命朝左打了一把，

只听"砰"的一声响，车子撞到了一凸出的路墩后翻倒在地，MPV乘用车两名乘员因严重颅脑损伤而当场死亡，其余三名乘员不同程度受伤。

公安部门查明此案事实真相后，以涉嫌危害公共安全罪对陈宏宇、赵兴依法执行了逮捕。庭审过程中，公诉机关指控两被告陈宏宇、赵兴的行为构成以危险方法危害公共安全罪。而两被告人的辩护人在庭上则辩称，他们的本意只是想拦截超速行驶的MPV乘用车，主观上根本没有危害公共安全的故意，不应当构成以危险方法危害公共安全罪。

法院审理认为，两被告人均有多年驾龄的驾驶经验，应当明知车辆在公共道路上高速行驶时拦截、逼挤对方车辆，极有可能会造成人身伤害等危险后果，而两

被告人却有意拦截、逼挤对方车辆，导致使危险结果发生，在主观上具有犯罪故意，其行为已触犯刑律，构成以危险方法危害公共安全罪，且属共同犯罪。法院依法判处被告人陈宏宇有期徒刑八年，剥夺政治权利两年，判处被告人赵兴有期徒刑七年六个月，剥夺政治权利一年。

"要是当时冷静一点，不去追堵拦截 MPV 乘用车，也就不会落到违法犯罪的地步，给自己、家人及他人带来无尽的伤痛！"

站在被告席上的陈宏宇与赵兴对此痛悔不已。①

一、以危险方法危害公共安全罪的构成特点

本案的法律焦点就是由于两被告人的故意行为，造成了两死三伤的惨剧。这一故意行为成了认定本案危害公共安全罪的关键。以危险方法危害公共安全罪的构成特征：

（1）客体是公共安全。

（2）客观方面表现为以放火、爆炸、投放危险物质、决水以外的其他的危害公共安全的方法危害公共安全的行为。

（3）主体为一般主体。

（4）主观方面是故意。但是如果是过失的，可以构成过失以危险方法危害公共安全罪。

只要符合以上四点就构成了以危险方法危害公共安全罪。显然，陈宏宇与赵兴驾车肇事完全符合以上特征，并且因此而引发了重大的交通事故。犯危害公共安全罪，根据《刑法》第一百

---

① 作者整理。

一十五条第一款之规定："放火、决水、爆炸、投毒或者以其他危险方法致人重伤、死亡或者使公私财产遭受重大损失的，处十年以上有期徒刑、无期徒刑或者死刑。"

因车辆相撞造成人身伤亡案件以危害公共安全罪论处，这类案件目前已不少见。随着车辆的不断增加，交通压力加大，车辆在交通道路上争道抢行常发生"怄气"驾车的现象。

原本不该发生的案件，仅仅是为憋着一口气，酿成两死三伤的惨剧，无论对被告方还是受害方都是一次沉痛的教训。随着私家车的普及化、寻常化，大量车辆的涌入，安全驾车、文明驾车、谦让驾车应成为每位驾驶者的行驶准则，切莫"怄气"驾车！

怄气驾驶是机动车辆驾驶的一大禁忌。行车过程中，情绪直接影响到驾驶员理智地处理各种交通情况，极端情况下（如驾驶员有怄气情绪），驾驶者极易开情绪车，斗气车。

驾驶员在以下场合和情况下，易产生斗殴赌气的现象：

（1）会车时，因对方仍然骑在中心线上，或者在夜间会车时，对方没有熄灭前照远光灯，影响到自己行使路线和视线时，容易产生怨气，双方互不相让，互不熄灯，最后造成交通事故。

（2）超车时，对方不让超，长时间堵在自己的车前面，跟随的时间长了，心里难免不高兴，总想找个机会超过去，向对方示威。

（3）遇对方强行超车，危及本车的安全，还连续鸣喇叭以示挑衅，此时易突生怒火，便会不理智地逼挤对方，给对方造成超车困难以示回敬。

《刑法修正案（八）》在《刑法》第一百三十三条后增加一条，作为第一百三十三条之一，规定："在道路上驾驶机动车追逐竞驶，情节恶劣的，或者在道路上醉酒驾驶机动车的，处拘役，并处罚金。有前款行为，同时构成其他犯罪的，依照处罚较重的规定定罪处罚。"最高检、最高法发布《关于执行〈中华人民共和国刑法〉确定罪名的补充规定（五）》，其中醉酒驾驶、飙车以"危险驾驶罪"入刑。

【案例】2010 年 2 月 23 日下午，刘某饮酒后，驾驶小型普通客车，于当天下午 7 时 10 分，在乡村路段行驶时，发生第一起交通事故，酒后驾驶的刘某将路边正常行走的三个老年人撞倒。

首起交通肇事发生后，刘某没有停车对被撞的老年人进行抢救，而是继续驾车向西加速逃逸。高速行驶的客车在逃逸过程中，又先后撞上 7 人，并与同向行驶的一辆机动车发生追尾，继而推着被撞车辆行进。最后撞到公路北侧一座建筑后，客车因毁损严重无法行驶而停止。第一起事故导致两名老年人因伤重死亡，刘某的车辆也被损坏。第二起事故导致 3 人死亡、1 人轻伤、3 人轻微伤。

事故发生后，当地政府和领导高度重视，在认真处理好善后工作的基础上，公安交警部门依法对刘某进行了抽血鉴定，检验结果表明，刘某血液中的乙醇浓度为 208mg/101ml，属醉酒驾驶。

2010 年 2 月 29 日，公安机关将刘某刑事拘留。3 月 12 日，刘某因涉嫌以危险方法危害公共安全罪、交通肇事罪被依法逮捕。

法院经审理认为，在第一起事故中，被告人刘某违反交通运输管理法规，酒后驾驶汽车致两人死亡并逃逸，负事故的全部责任，情节特别恶劣，其行为已构成交通肇事罪；第一起事故发生后，被告人刘某为逃避法律的制裁驾车加速逃逸，其行为本身已对不特定多数人的生命、健康和财产安全构成威胁，客观上导致 3 人死亡、4 人受伤，公私财产受损的严重后果，其行为构成以危险方法危害公共安全罪。依法应予严惩。

法院一审判决，被告人刘某犯以危险方法危害公共安全罪，判处死刑，剥夺政治权利终身。犯交通肇事罪，判处有期徒刑六年。数罪并罚，决定对刘某执行死刑，剥夺政治权利终身。①

二、对酒后驾车和飙车的相关法律规定

对飙车或酒后发生交通事故后逃逸连撞数人威胁公共安全与交通肇事的认定：

飙车或酒后驾驶发生了交通事故后，若行为人积极配合交警部门处理交通事故，没有将多数人人身财产安全置于不顾和逃逸行为的，就是普通的交通肇事罪；但若飙车、酒后驾驶时发生了交通事故后，行为人仍高速行驶或驾车逃逸，放任危害公共安全的结果发生，由于其逃逸行为已经危害了不特定人的公共安全（将行人、其他机动车辆或非机动车的安全置于不顾），因此应以危险方法危害公共安全来定罪量刑。

刑法规定，醉酒的人犯罪，应当负刑事责任。行为人明知酒后驾车违法、醉酒驾车会危害公共安全，却无视法律醉酒驾车，特别是在肇事后继续驾车冲撞，造成重大伤亡，说明行为人主观上对持续发生的危害结果持放任态度，具有危害公共安全的故意。对此类醉酒驾车造成重大伤亡的，应依法以危险方法危害公

---

① 作者整理。

共安全罪定罪。

2011 年 5 月 1 日，《刑法修正案（八）》和《道路交通安全法》最新修正案，加重了对酒后驾驶的惩处。

醉酒驾驶在刑法中规定的罪名是"危险驾驶罪"。根据《刑法修正案（八）》第二十二条规定："醉酒驾驶机动车的，处拘役，并处罚金，有前款行为构成其他犯罪的，依照处罚较重的规定定罪处罚。"

据此可见，醉酒驾驶机动车构成"危险驾驶罪"，所以"醉驾"在刑法罪名中定义是"危险驾驶罪"。构成此罪的主体要件是从事机动车交通行为的普通自然人主体；客体要件是醉酒驾驶，即经过检测，车辆驾驶人员血液中的酒精含量大于或者等于 80mg/100ml 的驾驶行为，构成醉驾。而车辆驾驶人员血液中的酒精含量大于或者等于 20mg/100ml 小于 80mg/100ml 的驾驶行为系酒驾，酒驾不能单独构成刑事犯罪。

法律规定，饮酒后驾驶机动车的，处暂扣 6 个月机动车驾驶证，并处 1000 元以上 2000 元以下罚款。因饮酒后驾驶机动车被处罚，再次饮酒后驾驶机动车的，处 10 日以下拘留，并处 1000 元以上 2000 元以下罚款，吊销机动车驾驶证；醉酒驾驶机动车的，由公安机关交通管理部门约束至酒醒，吊销机动车驾驶证，依法追究刑事责任，5 年内不得重新取得机动车驾驶证；饮酒后或者醉酒驾驶机动车发生重大交通事故，构成犯罪的，依法追究刑事责任，并由公安机关交通管理部门吊销机动车驾驶证，终身不得重新取得机动车驾驶证。

近年来，机动车辆数量和驾驶员人数猛增，无视交通管理法律法规，酒后乃至醉酒驾车的违法犯罪也日益增多，给社会和广大人民群众生命、健康造成了严重危害。为依法严惩醉酒驾车犯罪，统一法律适用标准，充分发挥刑罚功能，有效遏制醉酒驾车犯罪的多发、高发态势，切实维护广大人民群众的生命、健康安全，2009 年 9 月 8 日，最高人民法院召开新闻发布会，就醉酒驾车犯罪的法律适用等问题提出了指导性意见，并公布了两起醉酒驾车犯罪典型案例。

《最高人民法院关于醉酒驾车犯罪法律适用问题的意见》指出，行为人明知酒后驾车违法、醉酒驾车会危害公共安全，却无视法律醉酒驾车，特别是在肇事后继续驾车冲撞，造成重大伤亡，说明行为人主观上对持续发生的危害结果持放任态度，具有危害公共安全的故意。对此类醉酒驾车造成重大伤亡的，应依法以危险方法危害公共安全罪定罪。根据《刑法》第一百一十五条第一款的规定，醉酒驾车，放任危害结果发生，造成重大伤亡事故，构成以危险方法危害公共安全罪的，应处以十年以上有期徒刑、无期徒刑或者死刑。

有资料显示，人在微醉状态下开车，发生事故的可能性是正常情况下开车的 16 倍。据统计，十几年来，我国因酒后驾驶而导致的死亡人数，平均每年以 7% 左右的速度递增，饮酒驾车，特别是醉酒后驾车，对道路交通安全的危害是十分严重的。

三、驾驶机动车辆安全建议

（1）大喜、大悲、惊慌、恐惧、紧张、愤怒等感情因素，会造成心理失衡，注意力下降，此时驾车易导致事故。因此，驾驶员如果遇这种情况，要努力控制自己的感情，掌握一些心理调节方法，及时排除不良情绪干扰。要是不能摆脱某种不利于安全行车的情绪时，要及时停止驾驶车辆，心情好转或稳定后方可恢复驾驶车辆。

（2）不要因赶路、要么是仅为炫耀车技，驾驶车辆在车流中左右蛇形乱窜，这种行为只会显示驾驶人无视人身安全，给公共安全带来严重威胁，其行为后果可能导致犯罪。请尊重他人生命！另外，驾车人不要在行车途中打电话，有研究结果表明：在行车途中打电话会严重影响判断和操作，事故发生率会大大提高，危及他人及自身安全。

（3）相当比例的行车事故是由于驾驶员出车前同家属争吵恸气，行车时情绪沮丧，精力不集中等引起的。驾驶者家人在关照驾驶员饮食起居的同时，要尽量使驾驶员行车时保持心情舒畅。驾驶员的家属应充分认识到驾驶车辆的特殊性，应同驾驶者共同承担起安全行车的责任。行车过程中，当自己受到干扰或者挑衅时，应设法管理好自己的情绪，学会换位思考，特别是男性，天性好斗。有时本来就气不顺，当遇到干扰或者挑衅时，那脾气就更大了，这种情况下就更要有自我控制能力，想办法调整情绪，避免不理智行为。想想恸气可能造成的不良后果，做到谦让、礼貌行车，以确保安全。

（4）行车前注意避免服用副作用大的药物。特别是感冒药、头痛药、安眠药等药物，服用后往往会出现困钝、眩晕、视力不佳、注意力下降等现象，易发生交通事故。同时，应避免饮用咖啡等易导致兴奋的饮料，兴奋状态不利于安全行车。

（5）不要酒后驾车。科学研究表明，机动车驾驶员在没有饮酒的状况下行车，发现并处理危险情况的反应时间为 0.75 秒，而饮酒后驾车的状况下，反应时间要减慢 2~3 倍，大大增加了出事的可能性。因此，为避免酒后驾车，应安排好代步工具，须饮酒时，不要驾车前往，驾车就餐饮酒后，应找人代驾。

（6）开车时不能过度饥饿。人在过度饥饿时，血糖下降、心跳加快，大脑养分不足，无法集中注意，易疲惫，容易发生交通意外。因此，驾车时应尽量按时进食，如情况特殊，不能按时就餐，应及时吃点糖果、糕点等简易食品，以补充体内的糖分。

第四章　消防安全

近年来，随着人们生活水平的提高，家庭自动化、电气化的不断普及，用火、用电、用气十分普遍。然而，居民的防火安全意识并没有随着家庭的现代化同步提高，家庭成员对防火知识的匮乏令人担忧，从而导致因乱接电线、盲目增加大功率电器，用火、用气不慎引起的火灾事故频频发生。因此，要防止家庭悲剧少发生或不发生，只有让人们以及家庭成员形成消防安全意识，防患于未然是根本。

第一节　家庭消防安全

【案例】家中天然气泄漏引发的爆炸

20××年×月×市居民王某晚上回到家中时，闻到屋内有浓浓的天然气味，怀疑是家中天然气泄漏，慌忙打电话报警。电话接通时话机产生电火花，发生爆炸，王某在爆炸中不幸遇难。爆炸同时引起所住居民楼大火，经过迅速赶到的消防人员奋力扑救，在火灾发生两个多小时后消防部门将大火扑灭，结果造成一人死亡，两人严重烧伤，四户住房被烧毁的严重安全事故。案例中的女主人因不懂天然气使用常识，导致在天然气发生泄漏时，犯下了一个致命错误——在天然气泄漏的同时用电话报警，导致电话接通一瞬间产生的静电引爆泄漏的天然气，酿成了悲剧。此案中女主人的主观上没有任何故意，但客观上已造成严重的后果。①

按照《刑法》第一百一十五条第二款规定，失火罪是指由于行为人的过失引起火灾，造成严重后果，危害公共安全的行为。这是一种以过失酿成火灾的危险方法危害公共安全的犯罪。

刑法处罚：犯失火罪的，处三年以上七年以下有期徒刑；情节较轻的，处三年以下有期徒刑或者拘役。

在司法实践中，一般情况，失火行为造成了严重后果，构成失火犯罪的情况下，一般在法定的基本量刑档次内给行为人裁量刑罚。也就是说，失火行为造成了致人重伤、死亡或使公私财产遭受重大损失的严重后果，一般在三年以上七年以下有期徒刑这一量刑档次内裁量刑罚。但是，在失火行为造成了严重后果的前提下，综合考察分析犯罪行为人主客观方面的情况，如果情节较轻的，在三年以下有期徒刑或者拘役这一量刑幅度内裁量刑罚。这是特殊的量刑幅度，适用于"情节较轻的"这种情况，如果综合考察分析犯罪的主客观方面的情节，不属于情节较轻的，则只能在基本的量刑幅度内裁量刑罚。

至于何为情节较轻，不能只看一个方面的情况，而应该综合分析主客观方面的诸多原因，然后进行整体认定。这些情况主要包括：①行为人的刑事责任年龄和刑事责任能力，如是否属于已满16周岁末满18周岁的未成年人，是否属于限制刑事责任能力人等；②行为人的主观恶性程度，如行为人的一贯表现，犯罪后的态度等；③犯罪客观方面的情况，如犯罪造成的具体损害情况，犯罪的时间、地点，犯罪侵犯的对象等。

---

① 作者整理。

居民家庭中的火灾主要由燃气（煤气、液化气、天然气）和电引起，了解一些基本的防火、灭火方面的知识，在面临火灾时才能处变不惊，在较短的时间内找到最合适的灭火方法。

一、居民家中预防可燃气体泄漏的办法

（1）对燃气管线的改造在实施中应该由天然气或液化石油气公司指定的专业施工人员。

（2）应到指定的或正规的天然气液化石油气站（商店）购买专用零配件。软管与硬管及燃器具的连接处一定要使用专用的零件进行固定，不应该随便使用铁丝进行缠绕固定或没有任何的固定措施。

（3）软管不宜太长，不宜拖地，一般为 1 米左右，并且整根软管铺设后不能有受挤压的部分。

（4）定期检查和更换软管，防止软管受到意外挤压、摩擦和热辐射而老化破损。

（5）严格按有关规定使用液化石油气钢瓶，不得倾倒使用和用热水浸泡，更不得进行加热，残液不得自行处理。

（6）家中老人和小孩，尽量不要更换液化石油气钢瓶。

（7）使用完后，要随手关闭管道上的截门或钢瓶上的阀门，特别是嗅觉不灵敏的人。如果长时间不在家，一定要注意关闭总截门或钢瓶阀门。

（8）如果发现家中的燃气器具有故障，应该及时找专业人士进行检修，不能带故障使用。

二、居民家中预防煤气管线漏气的措施

（1）家中煤气管（管线）有漏气时，不可在管线旁用火柴或打火机点火测试，可用肥皂泡检查有无管线泄漏。

（2）煤气热水器应装在室外通风良好的地方，可避免一氧化碳中毒。

（3）煤气火焰正常呈淡蓝色，如发现呈红色，即表示不完全燃烧现象。会产生一氧化碳，应立即请专业人员检修。

三、使用煤气钢瓶的正确方法

（1）请注意钢瓶检验期限，并应附有检验合格标志。

（2）应直立使用钢瓶，且避免受猛烈震动。

（3）钢瓶应放置于通风良好，且避免日晒场所。

（4）钢瓶上不可放置物品，避免引燃物品。

四、如何了解煤气外泄的方法？

（1）嗅觉：家用煤气中掺有臭剂，漏出时会有臭味。

（2）视觉：煤气外泄，会造成空气中形成雾状白烟。

（3）听觉：会有"嘶嘶"的声音。

（4）触觉：手接近外泄的漏洞，会有凉凉的感觉。

五、家庭中发生可燃气体泄漏后的应急措施

（1）当闻到家中有轻微可燃气异味时，要进行仔细辨别和排除，当确定是自家的燃气泄漏，要迅速关闭气源阀门，打开门窗通风，形成通风对流，降低泄漏出的可燃气浓度。千万不能用家里电话报警。

（2）在开窗通风的同时，要保持泄漏区域内电器设备的原

有状态，避免开关电器，以防引起爆炸，如，开灯（不论是拉线式还是按钮式）、开排风扇、开抽油烟机和打电话（不论是座机还是手机）等，以免产生电火花和电弧，引燃和引爆可燃气体。

（3）如果检查发现不是因燃器用具的开关未关闭或软管破损等明显原因造成的可燃气体泄漏，就要立即通知物业部门进行检修。

（4）如果是刚回家就闻到非常浓的可燃气异味，要迅速大声喊叫，用最快方式通知周围邻居"有可燃气泄漏了"，好让大家注意熄灭明火，避免开关电器。同时，要离开泄漏区。

（5）立即报警。报警时切记不可以使用家中电话，因为拿起或放下电话时，有可能产生静电火花而引起爆炸。最好走到室外安全的地方，再打119电话报警，并说明是哪种可燃气泄漏。

【案例】家中电视机爆炸引发大火

某晚，在珠江隧道旁的水果批发市场前一大厦三楼突然传出爆炸声，接着一间民房腾起大火。在大火燃烧时慌乱中的李女士从自家的阳台上跳下，造成身体严重的重伤。两个小时后，大火被扑灭。自称是起火屋主的朋友陈先生说，事发时，李女士在客厅看电视，电视机突然爆炸，火花溅到放在电视机旁边的易燃物，引发大火。后经消防部门鉴定，电视机爆炸是电线老化引起，且电视机旁有易燃物，当老化的电线发生短路，导致电视机爆炸，引燃电视机旁的易燃物，酿成火灾，造成李女士重伤。[①]

有条件的情况下，在一个家庭里应该放置一个灭火器，一旦发生火灾，便可及时扑灭，防止火势蔓延；楼道口不应堆积较的

---

① 作者整理。

多杂物，保持潜在逃生道路的畅通；了解一些基本的防火灭火知识，在面临火灾时才能沉着应对，短时间内找到最合适的灭火方法。

室内火灾特别危险，因此家庭中一定要做到防患于未然。普通家用电器的连续使用时间应在 12 小时之内，长时间不用应切断电源。多用插座不能插满，也不能放置于隐蔽位置，有条件应具备以下灭火工具。

六、家庭"四宝"

（1）家用灭火器：任何大火，都是由小火而产生，请在家中备好灭火器，并熟练地操作它。

（2）一根（保险）绳：当大火一旦不可收拾时，首先考虑逃生。此时如果你住在三楼以上，楼梯的通道被堵塞，或者木制楼梯被烧坏，可拿家中准备的绳子，并将绳子分段打结，然后拴在牢固的物体上，沿着绳子攀缘而下就能顺利逃生。

（3）一只手电筒：夜间失火，电路烧坏以后，屋内一片漆黑，特别是在睡梦中，还没有弄清楚是怎么回事，家中已是一片火海。此时，就需手电筒照明。

（4）一个简易防烟面具：火场的烟雾是有毒的，许多丧生之人都是被烟熏窒息而死，如有防烟面具，在危急关头就能抵御有毒烟雾的侵袭而逃生。

七、家庭防火要点

（1）教育孩了不玩火，不玩弄电器设备，更不要将幼年子女独留家中。

（2）掌握各种家电的正确使用方法，特别是·般故障处

理及解决的具体措施。

（3）正确使用电器：①购买正规厂家所生产的电器、不使用超负荷的家用电器。不乱接乱拉电线，电路熔断器切勿用铜、铁丝代替。②经常检查电气线路、插头、弯曲处和液化气开关等，不要使电线、插座等压在地毯下面或无序交错。③在使用电器时家里应不离人，特别是电熨斗、电热杯等家用电器，离家或睡觉前要检查电器具是否断电。④利用电器取暖、烘烤衣物要特别注意及小心。

（4）厨房用火正确方法。①使用油锅时，人不能离开。油锅起火时迅速盖上锅盖，平稳端离炉火，冷却后才能打开锅盖，切勿向锅倒水灭火。②在家庭中应减少易燃、易爆物品的存放，不要把它们存放在厨房或儿童易触碰到的地方。③不要在漏气时使用任何明火和电器。

（5）日常生活中应注意的防火的一些事项。①点蚊香时，切忌把点燃的蚊香直接放在木桌、纸箱等可燃物上，人走熄灭蚊香，免留后患。②不乱丢烟头，不躺在床上吸烟。③要经常清除阳台、门厅、院内的易燃、可燃堆积物，④家中不可存放超过1升的汽油，酒精等易燃易爆物品。

八、冬季取暖防火的常识

使用炉火取暖时应注意：火炉的烟囱要远离电线及可燃顶棚、木墙壁和木门窗等易燃物体；炉体周围应该有不燃材质的炉档；炉火周围更不要放废纸、刨花等易燃物；清除炉灰、清倒炉渣时不要往可燃物品里乱倒，最好有个固定的并远离可燃物的地方倒置，在烘烤衣物、被褥时，防止烘烤时间过长引起火灾；在生火时千万不要用汽油、柴油、酒精等引火，以免引发火灾。

冬季使用电热毯取暖应注意：一是购买正规厂家的电热毯，

在购买中要把好质量关；二是在使用时，电热毯应平铺在床单或者薄的褥子下面，一定不能折叠起来使用。电热毯通电 30 分钟左右温度就会上升到 38℃ 左右，这时应该将调温开关拨到低温档或者关掉电源；三是不能将电热毯铺在有尖锐突起的物体上；湿了或脏了的电热毯不能用手揉搓，否则会损伤电热线的绝缘层或者折断电热线，正确的方法是用软毛刷蘸水洗刷，晾干后才能使用。

九、家庭安全用电须知

（1）在家庭中须具备一些必要的电工器具，如验电笔、螺丝刀、胶钳等，还必须具备适合家用电器使用的各种规格的保险丝具和保险丝。

（2）每户家用电表前必须装有总保险，电表后应装有漏电保护开关。

（3）任何情况下严禁用铜、铁丝代替保险丝。保险丝的大小一定要与用电容量匹配。更换保险丝时要拔下瓷盒盖更换，不得直接在瓷盒内搭接保险丝，不得在带电情况下（未拉开刀闸）更换保险丝。

（4）烧断保险丝或开关漏电，必须查明原因才能再合上开关电源。任何情况下不得用导线和其他导电材料代替保险丝连接或者压住漏电开关跳闸机构强行送电。

（5）购买家用电器时应认真查看产品说明书的技术参数（如频率、电压等）是否符合本地用电要求。要清楚耗电功率多少、家庭已有的供电能力是否满足要求，特别是配线容量、插头、插座、保险丝具、电表是否满足要求。

（6）当家用配电设备不能满足家用电器容量要求时，应予更换改造，严禁凑合使用。否则超负荷运行会损坏电气设备，还可能引起电气火灾。

（7）购买家用电器还应了解其绝缘性能，是一般绝缘、加强绝缘，还是双重绝缘。如果是靠接地作漏电保护的，则接地线必不可少。即使是加强绝缘或双重绝缘的电气设备，作保护接地或保护接零亦有好处。

（8）带有电动机类的家用电器（如电风扇等），还应了解耐热水平，是否长时间连续运行。另还要注意家用电器的散热条件。

（9）安装家用电器前应查看产品说明书对安装环境的要求，在可能的条件下，不要把家用电器安装在湿热、灰尘多或有易燃、易爆、腐蚀性气体的环境中。

（10）在设置室内配线时，火线、零线应有明晰标志，并与家用电器接线保持一致，不得互相接错。

（11）在家庭中的所用电器与电源连接，一定要采用可开断的开关或插接头，禁止将导线直接插入插座孔。

（12）凡要求有保护接地或接零的家用电器，都应采用三脚插头和三眼插座，不得用双脚插头和双眼插座代用，造成接地（或接零）线空档。

（13）家庭电器中配线中间最好没有接头。必须有接头时应接触牢固并用绝缘胶布缠绕，或者用瓷接线盒。禁止用医用胶布代替电工胶布包扎接头。

（14）导线与开关、刀闸、保险盒、灯头等连接应牢固可靠，接触良好。多胶软铜线接头应拢绞合后再放到接头螺丝垫片下，防止细股线散开碰另一接头上造成短路。

（15）家庭配线不得直接敷设在易燃的建筑材料上面，如需在木料上布线必须使用瓷珠或瓷夹子；穿越木板必须使用瓷套管。不得使用易燃塑料和其他易燃材料作为装饰用料。

（16）接地或接零线虽然正常时不带电，但断线后如遇漏电会使电器外壳带电；如遇短路，接地线亦通过大电流。为其安全，接地（接零）线规格应不小于相导线，在其上不得装开关或保险丝，也不得有接头。

（17）接地线不得接在自来水管上（因为现在自来水管接头堵漏用的都是绝缘带，没有接地效果）；不得接在煤气管上（以防电火花引起煤气爆炸）；不得接在电话线的地线上（以防强电窜弱电）；也不得接在避雷线的引下线上（以防雷电时反击）。

（18）所有的开关、刀闸、保险盒都必须有盖。胶木盖板老化、残缺不全者必须更换。脏污受潮者必须停电擦抹干净后才能使用。

（19）电源线不要拖放在地面上，以防电源线绊人，并防止损坏绝缘。

（20）家用电器试用前应对照说明书，将所有开关、按钮都置于原始停机位置，然后按说明书要求操作。如果有运动部件如摇头风扇，应事先考虑足够的运动空间。

（21）家用电器通电后发现冒火花、冒烟或有烧焦味等异常情况时，应立即停机并切断电源，再进一步检查。

（22）移动家用电器时一定要切断电源，以防触电。

（23）发热电器周围必须远离易燃物料。电炉子、取暖炉、电熨斗等发热电器不得直接搁在木板上，以免引起火灾。

（24）禁止用湿手接触带电的开关；禁止用湿手拔、插电源插头；拔、插电源插头时手指不得接触到金属部分；更不能用湿手更换电气元件或灯泡。

（25）对于经常手拿使用的家用电器（如电吹风、电烙铁等），切忌将电线缠绕在手上使用。

（26）对于接触人体的家用电器，如电热毯、电油帽、电热足鞋等，使用前应通电试验检查，确无漏电后才接触人体。

（27）禁止用拖导线的方法来移动家用电器及拔插头。

（28）使用家用电器时，先插上不带电侧的插座，最后才合上刀闸或插上带电侧插座。

（29）紧急情况需要切断电源导线时，必须用绝缘电工钳或带绝缘手柄的刀具。

（30）抢救触电人员时，首先要断开电源或用木板、绝缘杆挑开电源线，千万不要用手直接拖拉触电人员，以免连环触电。

（31）家用电器除电冰箱这类电器外，都要随手关掉电源特别是电热类电器，要防止长时间发热造成火灾。

（32）严禁使用床开关。除电热毯外，不要把带电的电气设备引上床，靠近睡眠的人体。即使使用电热毯，如果没有必要整夜通电保暖，也建议发热后断电使用，以保安全。

（33）家用电器烧焦、冒烟、着火，必须立即断开电源，切不可用水或泡沫灭火器浇喷。

（34）对室内配线和电气设备要定期进行绝缘检查，发现破损要及时用电工胶布包缠。

（35）在雨季前或长时间不用的家用电器，又重新使用，需用500V摇表测量其绝缘电阻应不低于 $1M\Omega$，方可认为绝缘良好，可正常使用。如无摇表，至少也应用验电笔经常检查有无漏电现象。

（36）对经常使用的家用电器，应保持其干燥和清洁，不要用汽油、酒精、肥皂水、去污粉等带腐蚀或导电的液体擦抹家用电器表面。

（37）家用电器损坏后要请专业人员或送修理店修理；严禁非专业人员在带电情况下打开家用电器外壳。

十、家庭防范火灾的建议

（一）家庭中几种灭火方法

一是扑灭火苗要就地取材，用毛毯、棉被罩住火焰，也可及时用面盆、水桶等装水灭火，或利用楼层内的灭火器材及时扑灭大火；二是个别物品着火，要赶快把着火物搬到室外灭火；三是家用电器着火，要先切断电源，然后用毛毯、棉被覆盖窒息灭火，如仍未熄灭，再用水浇；四是将着火处附近的可燃物及液化气罐及时疏散到安全的地方。

（二）火灾发生后逃生自救的方法

（1）"三要"：要熟悉自己住所的环境，家庭中的成员平时就要熟悉逃生路线；遇事要保持沉着冷静，如身上着火，千万不要奔跑，可就地打滚或用厚重的衣物压灭火苗；要警惕烟毒的侵害，尽量使身体贴近地面，并用湿毛巾捂住口鼻。

（2）"三救"：选择逃生通道自救，向安全出口方向逃生；必要时需结绳下滑自救；向外界求救，若所有逃生线路被大火封锁，要立即退回室内，用打手电筒、挥舞衣物、呼叫等方式向外发送求救信号，等待救援。

（3）"三不"：不乘普通电梯；不轻易跳楼，可利用疏散楼梯、阳台、落水管等逃生自救；不贪恋财物。

（三）火灾报警的方法

（1）牢记火警电话"119"。

（2）火灾情况要详细说明自己的处境：包括单位的名称、具体的街道、详细的号码，××物质燃烧，火势程度等，请速来扑救，联系电话号码是×××××××。

（3）要派人到主要路口迎接消防车。

第二节　公共场所消防安全

公共场所是指供公众从事社会生活的各种场所，即影剧院、医院、展览馆、车站码头、饭店、院校、托儿所、幼儿园、商场、图书馆、文化宫、青少年宫、俱乐部、歌舞厅等人员集中、流动量大的场所。

【案例】剧场发生的火灾

19××年×月8日下午，某某自治区教委"评估验收团"到某地检查工作，当地组织中小学生举行汇报演出，参加活动的人有796人。在演出进行了2小时左右时，由于舞台上方7号光柱灯烤燃附近纱幕，引起大幕起火，火势迅速蔓延，约一分钟后电线短路，灯光熄灭，剧厅内各种易燃材料燃烧后产生大量有毒有害气体，致使大量人员被烧或窒息，伤亡极为惨重。参加本次活动的所有人均不同程度受到伤害，共死亡325人，其中中小学生288人，干部、教师及工作人员37人，受伤住院130人。

案例中，由于大功率的照明设置于易燃物上方，易燃物在长时间被照射时达到燃点，因大功率灯具中所使用的灯泡或灯管其表面温度很高，大大超过纸张、木材、棉织物等一般可燃物的燃点。它在受到震动、散热不良，或骤冷的情况下极易破碎，破碎后，高温的玻璃碎片和高热的灯丝溅落在人员身上就会受伤，溅落在可燃物上能引起燃烧。燃烧后火灾又产生大量有害气体，导致后果更加严重。①

一、公共场所消防安全的相关法律规定

根据《刑法》及《消防法》中相关规定，该案中的相关责任人要承担相关的刑事责任及行政处罚。

《消防法》：

第五十二条 地方各级人民政府应当落实消防工作责任制，对本级人民政府有关部门履行消防安全职责的情况进行监督检查。县级以上地方人民政府有关部门应当根据本系统的特点，有针对性地开展消防安全检查，及时督促整改火灾隐患。

第五十三条 公安机关消防机构应当对机关、团体、企业、事业等单位遵守消防法律、法规的情况依法进行监督检查。公安派出所可以负责日常消防监督检查、开展消防宣传教育，具体办法由国务院公安部门规定。

第六十六条 电器产品、燃气用具的安装、使用及其线路、管路的设计、铺设、维护保养、检测不符合消防技术标准和管理规定的，责令限期改正；逾期不改正的，责令停止使用，可以并处一千元以上五千元以下罚款。

第六十七条 机关、团体、企业、事业等单位违反本法第十六条、第十七条、第十八条、第二十一条第二款规定的，责令限期改正；逾期不改正的，对其直接负责的主管人员和其他直接责

---

① 作者整理。

任人员依法给予处分或者给予警告处罚。

第六十八条　人员密集场所发生火灾，该场所的现场工作人员不履行组织、引导在场人员疏散的义务，情节严重，尚不构成犯罪的，处五日以上十日以下拘留。

第七十条　本法规定的行政处罚，除本法另有规定的外，由公安机关消防机构决定；其中拘留处罚由县级以上公安机关依照《中华人民共和国治安管理处罚法》的有关规定决定。

第七十二条　违反本法规定，构成犯罪的，依法追究刑事责任。

二、公共场所消防安全的建议

公民应当自觉遵守消防法律法规和公共场所消防安全管理规定，发现人员密集场所违反消防法律法规的行为，积极向公安消防部门举报。

（1）要了解并掌握一定的自救逃生知识。在有条件的情况下单位组织的消防观摩、逃生演习、消防知识培训，一定要积极参加，在日常工作中自己也要多学习一些消防安全知识。这样，在火灾发生时，就有一些自救的方法，并以最快速度想办法报警。在火势已无法控制的情况下，应尽早趁烟雾不大时迅速设法离开，用湿毛巾捂住口鼻以免中毒昏迷，同时弯腰或匍匐前进向救生通道口转移。假如安全通道被堵，可利用床单、窗帘等连接成绳索直接下滑或利用排水管等建筑物结构中的凸出物下楼。如上述条件不具备，只有发出求救信号等候救援，切不可盲目跳楼。

（2）在进入娱乐场所后，自己要有意识地了解其内部地形，熟悉所有通道的走向，做到心中有数。

（3）遇紧急情况时，应沉着应对，果断行事，一定要沉着冷静地思考，仔细观察出事现场，充分利用一切可以利用的逃生工具，紧张有序地逃生。

（4）积极寻找多种逃生方法。在发生火灾时，首先应该想到通过安全出口迅速逃生。由于大多公共场所一般只有一个安全出口，在逃生的过程中，一旦人们蜂拥而出，极易造成安全出口的堵塞，使在慌乱中的人员无法顺利通过而滞留火场，这时就应该克服盲目从众心理，果断放弃从安全出口逃生的想法，选择破窗而出的逃生措施，可以选择疏散通道、疏散楼梯、屋顶和阳台逃生。一旦上述逃生之路被火焰和浓烟封住时，应该选择落水管道和窗户进行逃生。通过窗户逃生时，必须用窗帘或地毯等卷成长条，制成安全绳，用于滑绳自救，绝对不能急于跳楼，以免发生不必要的伤亡。

（5）积极主动寻找避难场所。在设在高层建筑中的娱乐场所，且逃生通道被大火和浓烟堵截，又一时找不到辅助救生设施时，被困人员只有暂时逃向火势较轻的地方，向窗外发出求援信号，等待消防人员营救。

（6）互相救助逃生。在娱乐场所活动的青年人比较多，身体素质好，可以互相救助脱离火场，或帮助长者逃生。

（7）在逃生过程中要防止中毒。由于娱乐场所的四壁和顶部有大量的塑料、纤维等装饰物，一旦发生火灾，将会产生有毒气体。因此，在逃生过程中，应尽量避免大声呼喊，防止烟雾进入口腔。应采取用水打湿衣服捂住口腔和鼻孔，一时找不到水时，可用饮料来打湿衣服代替，并采用低姿行走或匍匐爬行，以减少烟气对人体的伤害。

（8）在举行大型活动前，要严格按照消防安全设施执行，对所有的公共设施应作认真、仔细检查；在整个大型活动中一定要有消防安全方面专业人士的指导及参与，一旦发生火灾事故才能有序指挥，组织疏散人群，减少损失。

第五章　食品安全

食品安全，人命关天。但是近年来，随着经济的高速发展，人们生活水平的不断提高，我国的食品安全问题却日渐威胁到人们的生活和健康。"毒奶粉"、"瘦肉精"、"地沟油"、"染色馒头"、"回炉面包"、"牛肉膏"等一系列的食品安全丑闻使得中国百姓痛心疾首："中国人还能吃什么？"层出不穷的食品安全问题，不仅严重影响到了人们的身体健康，造成了巨额的财产损失，也影响到了中国的经济发展、食品出口、社会稳定等一系列问题。面对如此严峻的食品安全现状，我们应该如何自助才能将危害降至最低呢？基于此，在本章节中，我们以发生在我们身边真实的食品安全事件为例，特别关注食品污染、滥用食品添加剂、农药兽药残留和食源性疾病等方面的问题。在案例分析的基础上，提供一些方便可行的建议和防范措施，以期达到惠及读者之目的。

第一节　食品污染

没有食品，就没有人类。食品、水和氧气构成了人类生命和健康的三大要素。但是食品一旦受污染，势必危害人类健康。随着科技的发展和人民生活水平的提高，食品的种类和加工程序愈加复杂，也加大了食品被污染的风险。

【案例】 比利时污染鸡事件①

1999 年 2 月，比利时养鸡户发现母鸡在吃了由韦尔克斯饲料厂供应的混掺有二噁英的脂肪饲料后，出现产蛋量下降、掉毛、蛋壳坚硬等症状，伴随有大量的鸡相继死亡。随后政府介入调查，调查结果表明：鸡所食用的饲料中含有一种剧毒污染物——二噁英。有的鸡体内的二噁英含量高出正常值的 1000 倍，危害极大。当时该饲料厂生产的含高浓度二噁英成分的饲料已出售给 1500 多家养殖场，其中包括比利时 400 多家养鸡场和 500 余家养猪场。同时，养牛场也受到污染，且受污染的禽类及其加工成品已销往德国、法国、荷兰等国。"污染鸡"事件的影响迅速波及世界多国。为此，6 月 1 日，比政府宣布停售和收回市场上所有比制造的蛋禽食品；6 月 3 日，比政府再次宣布，全国屠宰场一律停止屠宰，并决定销毁 1999 年 1 月 15 日至 1999 年 6 月 1 日生产的蛋禽及加工成品。

比利时的"二噁英污染鸡事件"在世界范围内掀起了轩然大波，欧盟委员会对比利时进行了严厉指责，禁止比生产的蛋禽制品在欧盟 15 国出售；并保留向欧洲法院上告比利时，追究其法律责任的权力。美国决定全面封杀欧盟 15 国的肉品；法国全面禁止比利时的蛋禽及乳制品进口。中国、新加坡、韩国等也采取相应的暂停进口或销售比生产的蛋禽及相关产品的措施。迫于强大的国际和国内压力，比利时卫生部和农业部部长相继被迫辞职，并最终导致内阁的集体辞职。据统计，该

---

① 转引自 http://www.sina.com.cn，2008 年 12 月 19 日。

事件共造成直接损失 3.55 亿欧元，间接损失超过 10 亿欧元，对比利时出口的长远影响可能高达 200 亿欧元。①

一、食品污染及其相关法律规定

食品污染是指如粮食、蔬菜、水果等各种食品在产、运、装、贮、售等过程中，与有毒物质或病菌接触受到污染。食品污染包括生物性污染、化学性污染和物理性污染三大类。生物性污染是指有害的病毒、细菌、真菌以及寄生虫污染食品。化学性污染是由有害的化学物质污染食品引起的。物理性污染通常指食品生产加工过程中的杂质超过规定的含量，或食品吸附、吸收外来的放射性核素所引起的食品质量安全问题。② 上述案例就是一个典型的食品化学性污染事件。此事件的原因是：比利时的福格拉是一家专门收购、加工和出售家畜肥油和植物油的公司。该公司用注入过大量废机油的、未经任何清洁的油罐来收集废植物油，（这些废植物油在加热过程中和废机油发生化学反应，产生了有毒物质——二噁英）并将加工好的废植物油提供给油脂加工厂作为禽畜饲料的原料。油脂加工厂在加工好油脂后，又将其分别卖给比利时、法国和荷兰的饲料加工公司。这些公司随后又将受到二噁英污染的饲料卖给了比利时的共计 1000 多家鸡场、猪场和牛场。因此，比利时的鸡肉、猪肉和牛肉都受到高浓度二噁英的污染，引发了自疯牛病以来欧洲最严重的食品恐惧症。

二噁英被称为"世纪之毒"，其毒性是砒霜的 900 倍，是氰

---

① 转引自 http://www.sina.com.cn, 2008 年 12 月 19 日。这是继英国疯牛病危机之后，欧洲发生的最大的一起食品污染案例。

② 《食品污染》，载 http://baike.baidu.com/view/469765.htm, 2009 年 3 月。

化钾的 1000 倍，是一级致癌物，可导致胎儿畸形。易溶于脂肪，难以降解，属于持久性污染物，一旦进入人体，10 年都排不出去，累计到一定程度，可导致癌症或直接致人死亡。二噁英主要来源于城市工业垃圾焚烧，特别是日常生活中所用的胶袋、PVC（聚氯乙烯）软胶等物都含有氯，燃烧这些物品时会释放出二噁英，二噁英便以微小颗粒存在于大气、土壤和水中。①

食品在生产经营过程中，极易被污染。我国在于 2009 年通过并实施的《食品安全法》中就有如下规定：

第二十七条 食品生产经营应当符合食品安全标准，并符合下列要求：

（一）具有与生产经营的食品品种、数量相适应的食品原料处理和食品加工、包装、贮存等场所，保持该场所环境整洁，并与有毒、有害场所以及其他污染源保持规定的距离；

（二）具有与生产经营的食品品种、数量相适应的生产经营设备或者设施，有相应的消毒、更衣、盥洗、采光、照明、通风、防腐、防尘、防蝇、防鼠、防虫、洗涤以及处理废水、存放垃圾和废弃物的设备或者设施；

（四）具有合理的设备布局和工艺流程，防止待加工食品与直接入口食品、原料与成品交叉污染，避免食品接触有毒物、不洁物；

（六）贮存、运输和装卸食品的容器、工具和设备应当安全、无害，保持清洁，防止食品污染，并符合保证食品安全所需的温度等特殊要求，不得将食品与有毒、有害物品一同运输。

关于被污染的食品，本法中的第五十三条规定："国家建立食品召回制度。食品生产者发现其生产的食品不符合食品安全标

---

① 转引自 http：//www. sina. com. cn，2008 年 12 月 19 日。

准，应当立即停止生产，召回已经上市销售的食品，通知相关经营者和消费者。食品生产者应当对召回的食品采取补救、无害化处理、销毁等措施。"①

二、相关部门防范建议

（1）保护生态环境，积极控制工业污染源。从源头上消除大气、水和土壤污染对农产品造成的污染；严控高毒性农药的生产和使用。降低农药兽药在农产品中的残留；规范城市中的垃圾焚烧，进行垃圾分类处理。

（2）加强食品卫生监督的管理，加强从原料的采购、加工、包装、存储、销售等各个环节的监督、监测和管理。

（3）加强立法，严惩食品污染、食品掺假和伪造假冒者。鼓励和扩大无公害食品生产的规模，严厉打击不法食品加工企业。

三、家庭防范食品污染的建议

（1）正确选购食品。购买食品时，要购买无杂质、不变色变味、符合卫生安全标准、包装完好的食品。比如买肉、蛋、奶时，尽量买新鲜的，没有过保质期的。

（2）正确保存食品。尽量用封闭的容器保存食物；易腐败的食品要随买随加工，加工好的食品最好马上食用；不食用霉烂的食物。

（3）正确加工食品。尽量避免采用油煎和油炸的烹调方法，不要烧焦食物，不要食用烧焦的食物。②

---

① 《中华人民共和国食品安全法》，法律出版社 2009 年 3 月版。
② 《家庭防范食品污染的措施》，载 http：//www. lawtime. cn/info/shipin/wuran/2011030860183. html，2011 年 3 月。

第二节　滥用食品添加剂

严格说来，在食品中滥用食品添加剂也属于食品化学性污染中的一种。因此，在本节中，我们主要关注滥用食品添加剂给我们的生活和健康带来的影响和危害。

【案例】假牛肉案

谭某，男，广东佛山人，初中文化。为了牟取暴利，2010年7月26日，谭某从佛山南海大沥镇以每市斤6元的价格买进550斤猪肉，运进自己所开的肉胶加工厂予以"加工"。这些猪肉被切片后，丢进一种由猪血、硼砂、豆粉、糖、盐、水等物混合而成的"染色剂"里浸泡，使它们的颜色渐次变成牛肉色，总重量增加为700斤。随后这些"牛肉"又以6元的低价批发销售，赚取猪肉增重后的价钱。

据谭某自述：他和工人们每天要加工的冻猪肉少则200公斤，多则500公斤。每公斤需要兑20公斤"染色剂"。通常，工人们把"牛肉"制好后，会将"牛肉"包装好放进冰箱速冻。于第二天一大早运到当地的农产品交易中心出售。这些"制牛肉"与真的牛肉从颜色、手感上都非常相似，一般消费者不易看出有何不同。然而，这种"制牛肉"放进清水浸泡约一个小时后，清水会变成淡红色，三小时后，清水会变成血红色，"牛肉"就会被还原为猪肉。经质监部门检测，这种"制牛肉"中的硼砂含量高达3800mg/kg。据谭某交代，从2010年1月起，他就以这种猪肉变"牛肉"的

方法制作、销售假牛
肉约 16 吨，销售金
额约 23.4 万元。谭
某制假被发现后，潜
逃了半年之久，于今
年 3 月 14 日被
抓获。①

另外，在安徽、
福州等地也发现了一种神奇的牛肉（精）膏，一般情
况下，猪肉一经这种牛肉（精）膏腌制半小时左右就
可以变成色香味俱全的牛肉。通常而言，一瓶一斤装的
牛肉膏可以让 50 斤猪肉全变成牛肉。目前福州市场上，
新鲜猪肉的价格为每斤 13 元左右，卤牛肉每斤 35 元。
一次腌制 50 斤猪肉来冒充卤牛肉，就可直接省下近千
元的成本。而这种神奇的牛肉（精）膏里的主要成分，
我们不得而知。②

一、食品安全法对添加剂的法律规定

《食品安全法》第二十八条中第一项明确规定："禁止生产
用非食品原料生产的食品或者添加食品添加剂以外的化学物质和
其他可能危害人体健康物质的食品，或者用回收食品作为原料生
产的食品。"

---

① 转引自 http：//news. qq. com/a/20110421/000092. htm，来源《广州日报》
2011 年 4 月。

② 转引自 http：//news. ifeng. com/mainland/special/shipinanquan/content－2/de-
tail_ 2011_ 04/21/5878096_ 0. shtml，来源新华网 2011 年 4 月 21 日。

本法的第九十九条对食品添加剂定义为："食品添加剂是指为改善食品品质和色、香、味以及为防腐、保鲜和加工工艺的需要而加入食品中的人工合成或者天然物质。"①

食品添加剂给食品工业带来诸多好处：如方便保存，拒腐防变；提高食品的感官性状；保持或提高食品的营养价值；增加食品的品种和多样性等。因此，我们可以说食品添加剂从积极的方面极大促进了食品工业的发展。但是，在食品中添加食品添加剂有严格的规定和标准，滥用食品添加剂势必会给人的身体健康带来严重的危害，甚至会致人死亡。

"假牛肉"案就是最为典型的滥用食品添加剂案件。在谭某制假牛肉的过程中，主要用的食品添加剂就是又被称为四硼酸钠的硼砂。硼砂在医学上为五官科的常用药，具有消毒防腐之功效。加在食物中能有效地增加食物韧性、脆度且能改善食物保水性和保存度。因此，不法商家常常将硼砂添加到腐竹、凉粉、面条、粽子、元宵等食品中为了使食品口感蓬松而有弹性。但硼砂对人体有毒害作用，连续摄入后会在体内积蓄，妨碍消化酶素作用，进而对消化系统产生危害，引起诸如呕吐、腹泻、红斑、循环系统障碍、休克、昏迷等所谓的硼酸症中毒。婴儿、儿童和成人的摄入量分别达到 2~3 克、5 克、15 克即可致死。硼砂与硼酸类添加剂已被列入我国第一批非法添加剂品种名单，它与吊白块、苏丹红、蛋白精（三聚氰胺）、工业用甲醛、罂粟壳等齐名，长期摄入能致人死亡或致癌。为此，我国明令禁止在食品中添加硼砂。所以，根据相关法律，上述案例中的谭某可能面临 5

① 《中华人民共和国食品安全法》，法律出版社 2009 年 3 月版。

年以上 10 年以下的重刑之诉。①

二、防范食品添加剂的建议

（1）看成分颜色。在超市买东西，应养成看成分的习惯。尽量购买含添加剂少的食品；少选或尽量不选口感好，颜色过于鲜亮的食品。②

（2）选低加工。买食品的时候，要尽量选择加工度低的食品。加工度越高，添加剂也就越多。③

以下几种食品易添加有毒添加剂，我们在购买和食用时须多多注意：

第一，干货：在选干货时，我们应选择无异味，颜色正常的产品。如干辣椒，不要选择颜色过于鲜亮的，因为这种干辣椒通常是经过硫黄熏制的。用手摸，会有黄色的残留物，且有硫黄的味道。正常的干辣椒颜色有点暗。枸杞，天然的枸杞颜色略发暗，略带土色，且比较干燥，味道是酸中带甜。而颜色鲜艳、光亮的，摸上去有点黏，味道酸苦的可能是"毒枸杞"。银耳，经硫黄熏制的银耳外观饱满，色泽特别洁白，会有刺鼻的辣味。正常的银耳色泽略带黄色。黄花菜，黄花菜有"药菜"和"原菜"之分。药菜是指用焦亚硫酸钠熏蒸过的黄花菜，这种黄花菜颜色鲜艳金黄或呈白色。闻之有刺激性气味或有浓浓的酸味。而自然晒干的"原菜"则颜色呈黄中褐黑发暗、味道甘甜。

---

① 转引自 http：//news. ifeng. com/mainland/special/shipinanquan/content - 2/detail_ 2011_ 04/21/5878096_ 0. shtml，来源新华网 2011 年 4 月 21 日。

② 转引自 http：//blog. 163. com/luanfeng - 888/blog/static/108389837200911345039449/，2009 年 11 月。

③ 转引自 http：//news. ifeng. com/mainland/special/shipinanquan/content - 2/detail_ 2011_ 04/21/5878096_ 0. shtml，2011 年 4 月。

第二，水发食品：一些不法商家通常用甲醛和过氧化氢（俗称双氧水）来加工水发食品，如水发蹄筋、水发海参、水发酸鱼等，这些经过甲醛和双氧水加工过的水发食品个头较大，颜色比较白；会有刺鼻的味道，且用手捏很容易碎。市面上的海带和毛肚也不安全：颜色特别绿的，肥厚的海带通常是用化学品加工过的，正常的海带是褐绿色的。用甲醛和双氧水加工的毛肚又大又白，应细心辨别。

第三，水果：尽量选本地水果。因为异地水果为了便于运输，只能在没有成熟时采摘后运到目的地，再用催熟剂等化学的东西催熟。或是选空运的水果。个头适中的水果是相对安全的，个头大得不太正常的水果如西瓜、草莓、芒果、香蕉都极有可能是激素、膨大剂催的。

第三节　农药兽药残留

农药兽药残留是化学性食品污染中的又一种非常典型的污染方式。据统计，全世界每年有200万人因农药中毒而发病，4万~22万人死亡。① 近年来，我国因误食农药兽药残留食品的中毒事件屡屡发生，且呈日益增长之势。每年发生农药中毒的人数年均超过10万人。每年因农药兽药引起的食物中毒发病率居化学性中毒之首。如此中毒事件以广东省最为严重。②

【案例】2006年7月的一天，张家港的王女士从菜

① 《食品营养与安全·农兽药残留》，载 http：//wenku.baidu.com/view/cc0d212e453610661ed9f435.html，2009年4月。

② 《食品营养与安全》农兽药残留，载 http：//wenku.baidu.com/view/cc0d212e453610661ed9f435.html，2009年4月。

场买回 500 克空心菜，当晚食用后即出现恶心、呕吐、腹泻等症状。被急送张家港人民医院抢救，经医生初步诊断为食物中毒，当晚留院观察治疗。通过抽血化验，医院检查了患者的血清胆碱酯酶为 0 单位。据医生介绍，血清胆碱酯酶的含量指标被应用于衡量有机磷在人体内含量的参考依据之一。当人体含有有机磷成分时，会与血清胆碱酯酶的受体结合，从而导致该项指标为 0 单位。

王女士的家人将吃剩的空心菜带到当地的卫生防疫站检验，检验结果表明：所剩的空心菜中确实含有甲胺磷等农药残留，且农药残留已超过了人体可以承受的含量。因此，此次食物中毒的元凶就是有机磷等农药残留超标。据此，陶女士向商家提出赔偿要求。商家会同供货商对陶女士作出了相应的治疗费、检查费、营养费、误工费、精神损害赔偿费等赔偿。①

一、残留农药兽药的相关法律规定

世界卫生组织公布的调查报告表明：残留农药兽药在人体内长期蓄积会引发急慢性中毒，其主要是通过生物浓缩和蔬菜残留两个方面的途径对人体健康带来潜在威胁，以致诱发许多慢性疾病。如帕金森、早老性痴呆、心脑血管病、糖尿病、癌症患者的大量增加都与食用农药残留蔬菜、兽药残留动物性食品有直接关系。这些农药兽药残留甚至还会通过胚胎和乳汁转移给下一代，并可能导致"三致"：致癌、致畸、致突变。

---

① 邱宝昌：《蔬菜农药残留超标致损案》，载 http://wuxizazhi.cnki.net/Search/SC-ZZ200807011.html，来源《蔬菜》2008 年第 7 期。

《食品安全法》第二十八条第二项中明确规定：禁止生产经营致病性微生物、农药残留、兽药残留、重金属、污染物质以及其他危害人体健康的物质含量超过食品安全标准限量的食品。

《消费者权益保护法》第十一条规定："消费者因购买、使用商品或者接受服务受到人身、财产损害的，享有依法获得赔偿的权利。"第四十一条规定："经营者提供商品或者服务，造成消费者或者其他受害人人身伤害的，应当支付医疗费，治疗期间的护理费、因误工减少的收入等费用，造成残疾的，还应当支付残疾者生活自助费、生活补助费、残疾赔偿金以及由其抚养的人所必需的生活费用；构成犯罪的，依法追究刑事责任。"据此，消费者因食用农药残留量超标的蔬菜受损，可以依法要求经营者赔偿其所受损失。①

二、防范农药残留的建议

（一）浸泡法

对于清除蔬菜上的污物、残留农药的最常用的方法就是浸泡法。最适用于叶类蔬菜，如菠菜、生菜、小白菜、大白菜等。正确做法是：一般先用水冲掉表面污物，然后用清水浸泡。在浸泡时可加入少量果蔬清洗剂，以增加农药的溶出。浸泡后要用流动的水冲洗 2~3 遍。要注意浸泡时间不少于 10 分钟，但也不要过长，且是先清洗后浸泡，必须等所有清洁工作做完后再切菜，以免残留农药顺着切面渗透到蔬菜里。我们也可用小苏打水来浸泡蔬菜瓜果：先将蔬菜表面污物冲洗干净，然后浸泡到小苏打水中 5~15 分钟，然后用清水清洗 3~5 遍。一般 500 毫升水中加入

---

① 《蔬菜农药残留量超标致损案》，载 http://wuxizazhi.cnki.net/Search/SCZZ 200807011.html，2008 年 7 月。

5~10克小苏打。同时，我们还可将蔬菜瓜果浸泡于淘米水中10分钟，然后用清水冲洗，这样也可以分解蔬菜瓜果中残留的有机磷杀虫剂。盐水浸泡的方法只适用于去除圆白菜上的农残。对于其他蔬菜，这种方法并不科学，反而会把大多数的农药锁在蔬菜表面。

（二）去皮法

对于黄瓜、胡萝卜、冬瓜、南瓜、西葫芦及许多带皮的蔬菜，削皮是一种较好的去除蔬菜水果表面农药污染的方法。但削皮前务必先以清水多冲洗，否则刀上所沾染的农药会造成污染。

（三）储存法

随着时间的推移，农药在环境中能够缓慢地分解为对人体无害的物质，所以，对易于保存的蔬果可通过一定时间的存放，减低农药残留量。这种方法适用于不易腐烂的蔬菜如冬瓜、南瓜、土豆等，此法往往在冬天适用。

（四）加热法

对于芹菜、菠菜、小白菜、圆白菜、青椒、菜花、豆角等蔬菜，我们还可以用加热的方法去除氨基甲酸酯类杀虫剂。具体做法是先用清水将表面污物洗净，放入沸水中烫2~3分钟捞出，这样可清除90%以上的残留农药。但此法的弊端是会损失蔬菜的部分营养。①

除了农残蔬菜瓜果的问题外，兽药残留性动物食品的现状也不容乐观。各种性激素、抗生素、镇静剂等化学药品在动物生长过程中的滥用导致市面上的肉类、牛奶、鸡蛋等动物性食品的安全性受到拷问。有资料显示目前我国临床使用的兽药品种达3000多种，远远多于美国、欧盟、日本等国。因此，我国作为

① 转引自 http：//kj. xyinfo. gov. cn/show. asp？id＝171，2010年9月。

世界上最大的肉类生产国，低廉的肉类价格并未使我国的肉类食品在国际上具有竞争力，而是频频被进口国拒绝、退货。2002年，我国禽肉出口遭到日本、韩国、俄罗斯和瑞士等国进口限制；同年 4 月 25 日，加拿大从我国进口的两批水产品中检查出氯霉素，随后对来自中国的每批虾品都进行检验，一经检验出立即退回；2005 年，韩国对申请进口的 15 吨中国产活鲈鱼进行检查，查出孔雀石绿，随后对该产品作出销毁及返货处理。① 长期食用有残留兽药的动物性食品，会对机体内的正常胃肠道菌群产生影响，微生物平衡遭到破坏，机体就易发感染性疾病，甚至会引发基因突变和染色体畸变。

三、防范兽药残留的建议

（1）尽量购买具有无公害标示的食物。

（2）将买回的动物性食品采用浸泡、清洗、高温消毒、生熟分开等方法降低一部分兽药残留。

（3）尽量少吃或不吃熏烤过度，颜色过于鲜亮的动物性食品。

（4）不要购买不合格产品。

第四节　食源性疾患

长期食用被污染的、添加了非法添加剂的以及农药兽药残留超标的食品必然会引发食源性疾患。从本质上来说，食用诸如上述的不安全食品与食源性疾患之间是必然因果的关系。

---

① 转引自 http：//kj. xyinfo. gov. cn/show. asp？id=171，2009 年 5 月。

【案例】"瘦肉精"始曝光于1998年。当年5月，香港同胞因宴请客人食用了内地供应的猪内脏，共造成有17人中毒的恶性事件，经媒体曝光，"瘦肉精"猪肉才得以大白于天下。

同年，从外地到广州旅游的杨小姐投诉，她一家3口进食了含有"瘦肉精"的猪肝后，发生手脚颤抖、头痛、心跳加速等不适症状。这是"瘦肉精"猪肉导致食物中毒首次在内地曝光。

1999年4月，上海两名运动员因食用含有"瘦肉精"的肉品，在尿检时呈阳性而被禁赛。

2001年8月30日，浙江省桐庐县发生"瘦肉精"中毒事件，中毒群众达180余人。

同年11月，北京发现首例"瘦肉精"中毒事件。随即，北京市卫生局对北京市市场上的86头生猪抽检发现："瘦肉精"的检出率为25%。

2006年9月，上海又发生"瘦肉精"中毒事件，中毒人数达300余人。

2011年3月15日，央视3.15特别节目曝光，双汇集团卷入"瘦肉精"事件。①

---

① 《瘦肉精案》，载于百度引擎，http：//news. ifeng. com/mainland/special/shipinanquan/content－3/detail_ 2011_ 04/19/5833560_ 0. shtml，2011年4月19日。

一、食源性疾患——"瘦肉精"

食源性疾患是指通过摄食而进入人体的有毒有害物质（包括生物性病原体）等致病因子造成的疾病。一般可分为感染性和中毒性，包括常见的食物中毒、传染病、人畜共患传染病、寄生虫病以及化学性有毒有害物质所引起的疾病。[①] 这类病患的共同点是通过进食有毒有害的致病因子而发病，可以有病原，但病理和临床表现却会因个体的不同而存在差异。"瘦肉精"事件就是典型的食物中毒性食源性疾病。十多年来，"瘦肉精"猪肉一直都在威胁着人们的健康。

那么什么是"瘦肉精"呢？"瘦肉精"是一种白色或类似白色的结晶体粉末，无臭，味苦，全名叫"盐酸克伦特罗"，是一种可用做兴奋剂的药物。猪食用后在代谢过程中能够促进蛋白质合成，加速脂肪的转化和分解。在饲料中添加适量盐酸克伦特罗后，可使猪的瘦肉率提高 10% 以上。食用"瘦肉精"的猪宰后肌肉特别鲜红，后臀肌肉饱满，肥肉特别薄。"瘦肉精"主要沉积于动物肝脏，只有在 172 摄氏度以上的高温才会分解。人在食用"瘦肉精"中毒后，会表现出心慌、肌肉震颤、头痛以及脸部潮红等症状。对心率失常、高血压、青光眼、糖尿病、甲状腺机能亢进等疾病的患者有较大的危害。长期食用含有"瘦肉精"的猪肉，有可能导致染色体畸变或诱发恶性肿瘤。由于瘦肉精会对人体造成极大的副作用，我国禁止使用包括雷托巴胺在内的瘦

---

① 《食源性疾病》，载于百度引擎 http：//health. ifeng. com/disease/healthchina/shiyuanxingjibing/news/detail_ 2010_ 12/13/3479143_ 6. shtml，2010 年 12 月。

肉精。①《农产品质量安全法》第三十三条第一项、第二项就明确规定："不得销售含有国家禁止使用的农药、兽药或者其他化学物质的农产品；不得销售农药、兽药等化学物质残留或者含有的重金属等有毒有害物质不符合农产品质量安全标准的。如有以上情形，须责令停止销售，追回已经销售的农产品，对违法销售的农产品进行无害化处理或者予以监督销毁；没收违法所得，并处二千元以上二万元以下罚款。"②

二、防范"瘦肉精"猪肉的建议

"瘦肉精"猪肉有以下特点，我们在购买时应仔细辨别：

（1）看猪肉脂肪：一般来说，含"瘦肉精"的猪肉皮下脂肪层明显较薄，通常不足 1 厘米；瘦肉与脂肪间有黄色液体流出。

（2）察猪肉色泽：一般健康的瘦猪肉是淡红色的，肉质弹性好，肉上没有"出汗"现象。而含有"瘦肉精"的猪肉肉色较深，肉质颜色为鲜红色，时有少量"汗水"渗出肉面。③

三、烹饪猪肉的建议

猪肉是我们的主要肉食，在烹饪猪肉时，我们建议采取以下方法以确保健康卫生：

（1）正确选用新鲜猪肉。猪颈部的粉灰色腮腺及全身各部

---

① http：//news. ifeng. com/mainland/special/shipinanquan/content－3/detail＿2011＿04/19/5833560＿0. shtml，2011 年 4 月。

②《农产品质量安全法》，载 http：//www. gov. cn/jrzg/2006－04/29/content＿271165. htm，2006 年 4 月。

③《如何辨别"瘦肉精"猪肉》，载 http：//news. ifeng. com/mainland/special/shipinanquan/content－3/detail＿2011＿04/19/5833560＿0. shtml，2011 年 4 月。

的灰色、黄色或暗红色的"肉疙瘩"内可能含有很多病菌和病毒，应避免食用；诸如肝、肾等猪内脏也应少食用，因为没有分解的兽药残留通常会在等内脏中沉积下来，长期食用必然会对人体造成伤害；首选新鲜肉类，尤其是冷却肉，其次是热鲜肉和冷冻肉。尽量不选火腿肠、罐头等肉类食品，因为这些肉类食品中复合磷酸盐、防腐剂、着色剂、淀粉等添加剂，一旦超标，会对消费者身体健康造成伤害。

（2）正确加工、烹调猪肉。首先，猪肉应以炖、煮、蒸为好。尽量不要油炸和烧烤，因为在炸、烤的高温下，肉的蛋白质会变性生成苯并芘等有致癌作用的化学物。其次，不要爆炒猪肉，因为爆炒肉类，虽然短时间内温度可以达到 100 多度，但猪肉中心温度无法达到杀灭病毒的温度；猪肉属酸性食物，为保持膳食平衡，烹调时宜适量搭配些豆类和蔬菜等碱性食物，如土豆、萝卜、海带、大白菜、芋头、藕、木耳、豆腐等。

（3）正确处置新鲜猪肉。在购买猪肉时，应避免被碎骨划伤。不要将猪肉与其他食品放在一起，特别是不要与直接入口的点心、饮料放在一起，以免发生交叉感染。与新鲜猪肉接触的案板、刀具等一定要清洗干净，同时肉类要生熟分开。[1]

四、防范食源性疾患的建议

（1）拒绝腐败变质、污秽不洁、无厂名厂址、保质期等标识不全及其他含有有害物质的食品。尽量不要在没有卫生保障的公共场所进餐。特别是不要在无证无照的流动摊点和卫生条件差的饮食店就餐。

---

[1]《健康烹调猪肉的方法》，载 http：//blog. sina. com. cn/s/blog 5174a2b20100 dn3h. html，2010 年 5 月。

（2）食品一定要烧熟煮透。熟食、剩余食品以及肉、奶、蛋、豆类需加热彻底；冷冻肉及家禽在烹调前需充分解冻。不生食、半生食海鲜或肉类；瓜果需洗净、去皮后食用。

（3）尽量每餐不剩饭菜。剩菜剩饭要冷冻保存，食用前需充分加热。不食用在室温条件下放置超过 2 小时的熟食和剩余食品。不饮用不洁净或未煮沸的自来水。①

---

① 《食源性疾病防治知识》，载 http：//www. pyonline. net/website/wsj/info. asp? id＝1532，2009 年 7 月。

第六章　保护自己　珍爱生命

第一节　遇险求助

在社会的各个领域，常有危险发生。各种各样的天灾、人祸随时可能发生，面对不测的灾害，我们只有作好充分的准备，采取及时的救助，才能获得更大的生存机会。

【案例1】2010年7月12日，男青年张×清、张×鸿、黄×发和女青年张×姣等4人，从斗门井岸骑着摩托车到三灶阳光咀海滩游泳。

当时已近傍晚，又逢涨潮，下海游泳风险很大。在场的群众见他们兴致勃勃准备下海，便好言相劝。但4人不管不顾，一下游离海岸1000多米。

晚8时许，在海里泡了两个小时的张×清等人体力消耗了许多，疲倦也悄然袭来。天色渐渐变黑，海

岸线从视线中消失，年纪较小的张×鸿、张×姣（均未满18岁）开始感到紧张。幸运的是，他们抓到了一根救命的木桩。张×清便让年纪较小的3人抱住木桩等待救援，他独自一人奋力游回岸边求救。

晚8时30分左右，金湾公安分局值班领导和三灶派出所、三灶边防派出所民警接报警后，带着救生设备先后赶到现场组织救援。

当地熟悉水性的村民陈林商和关锦相自告奋勇，出海救人。为确保救援人员和遇险青年的安全，民警要求陈、关两人带齐救生设备，以防不测。

同时，通知三灶医院120急救中心医生赶到现场，随时准备抢救遇险青年。

晚9时许，在水里的3个青年在两名村民的救助下，安全返回岸边。

医生随即对3名略显虚脱的遇险青年进行检查及护理。在确认3名青年没有生命危险后，民警将他们接回派出所休息，随后通知其家人将他们接回家。①

【案例2】2011年3月中旬，为出租房屋，蔡小姐将她位于朝阳区青年汇小区的房屋信息上传到搜房网，并留下手机号码和自己的照片。无业男子王某看到蔡小姐的租房信息后，发现她面容姣好，就主动与其联系，并于3月17日傍晚到蔡小姐家看房。蔡小姐独自接待了王某。王某发现房屋的装修高档，电器全新。看完房后，蔡小姐开车将王某送到华贸中心。看着身体柔弱、

---

① 载《珠江晚报》2010年7月13日。

经济宽裕的蔡小姐，王某起了歹意。

王某回到住处后找来朋友杨某，称蔡小姐欠他 7 万元钱不还，让杨某帮他把蔡小姐绑了，然后抢她的钱和银行卡，杨某表示同意。随后，王某买来绳子和透明胶带，准备抢劫。3 月 21 日，王某再次约蔡小姐看房。第二天下午 4 点多，王某和杨某一起到了青年汇小区。

进入房间后，王、杨二人谎称王某的姐姐也要来看房。等待期间，蔡小姐坐到电脑前玩游戏。这时杨某从身后把蔡小姐推倒在地，并用绳子和胶带将蔡小姐的手、脚绑住。王某怕蔡小姐记住自己的面容，又将一块毛巾盖在蔡小姐的脸上。随后，王、杨二人抢走蔡小姐500 元现金。

杨某见已得手就逃离了现场，王某却突然产生一阵悔意，反复说自己是受黑社会老大的指使来找蔡小姐讨债，让她不要报案告发他。蔡小姐一边答应着，一边想脱身办法，这时她的手机响起。王某惊恐之下不让蔡小姐接听。蔡小姐急中生智，哄骗王某说这个是外国客户来电，不接会有很大损失。

王某这才解开绳子，同意蔡小姐接听。

蔡小姐在接电话时用英语说自己有危险，并说了自己所在的位置，让朋友帮忙报警。随后，她趁王某不注意又给朋友发了一条 SOS 求救短信。蔡小姐的朋友马上报警，八里庄派出所的民警及时赶到将王某当场抓获，蔡小姐获救。①

---

① 作者整理。

一、遇到危险时的自救方法

发现杀人、抢劫、盗窃、强奸、放火、斗殴等刑事、治安案（事）件时，应立即报警。若情况紧急，无法及时报警，应在制伏犯罪嫌疑人或脱离险情后，迅速报警。

发现自杀、坠楼、溺水者，老人、儿童或智障人员、精神疾病患者走失，公众遇到危难孤立无援，均可拨打110电话报警。

遇险后应该根据自身情况积极自救，一个口哨、一面能反光的镜子、一根火柴、一件悬挂在树顶的鲜艳衣服等，都有可能让救援人员第一时间找到你。可以采取以下方法：

（1）声响求救：遇到危难时，尽量减少采用喊叫求救的方法，以免耗费体力；可以选择吹响哨子、击打脸盆或其他金属器皿，甚至打碎玻璃等物品向周围发出求救信号。

（2）光线求救：遇到危难时，可以用手电筒、镜子反射阳光等办法求救。每分钟闪照6次，停顿1分钟后，再重复进行。

（3）抛物求救：在高楼遇到危难时，可抛掷软物品，如枕头、书本、空塑料瓶等，引起下面注意，最好在所抛的物品中注明遇险情况、指示方位。

（4）烟火求救：在野外遇到危难时，白天可燃烧新鲜树枝、青草等植物发出烟雾，晚上可点燃干柴，发出明亮耀眼的火光向周围求救。

（5）摆字求救：用树枝、石块、帐篷、衣物等一切可利用的材料，在空地上堆摆出"SOS"或其他求救字样。每字至少长

6 米，便于空中搜救人员识别。

（6）莫尔斯电码求救：三声短，三声长，再三声短，间隔一分钟重复。可以利用光线，如开关手电筒、矿灯、应急灯、汽车大灯、室内照明灯甚至遮挡煤油灯等方法发送，也可以利用声音，如哨声、汽笛、汽车鸣号甚至敲击等方法发送。

二、个人遇险求助的建议

（一）遇险救助的基本原则

（1）保持镇静、趋利避害。

（2）学会自救、保护自己。

（3）想方设法、不断求救。

（二）牢记遇险求助的四个重要电话

1. 110 报警电话

发现刑事、治安案（事）件以及危及公共与人身安全、扰乱公众正常工作、学习与生活秩序的案（事）件时，应及时拨打 110 报警电话。

110 号码免收电话费，投币、磁卡等公用电话均可直接拨打。报警时请讲清案发的时间、方位，您的姓名及联系方式等。如对案发地不熟悉，可提供现场附近具有明显标志的

有人抢劫，在××路××单位旁边

建筑物、大型场所等。

要保护好现场，以便民警赶到现场提取痕迹、物证。

2. 119 火灾报警电话

发现火情应及时拨打 119 电话报警。

报警时，必须准确报出失火方位。如果不知道失火地点名

称，也应尽可能说清楚周围明显的标志，如建筑物等。尽量讲清起火部位、着火物资、火势大小、有无人员被困等情况，同时应派人到主要路口引导消防车到达现场。在消防车到达现场前，设法利用就便器材扑灭初起火灾，以免火势扩大蔓延。扑救时需注意自身安全。

119 免收电话费，投币、磁卡等公用电话均可直接拨打。119 还担负其他灾害或事故的抢险救援工作，包括各种危险化学品泄漏事故的救援；水灾、风灾、地震等重大自然灾害的抢险救灾；空难及重大事故的抢险救援；建筑物倒塌事故的抢险救援；恐怖袭击等突发性事件的应急救援；单位和群众遇险求助时的救援救助等。

3. 120 医疗急救求助电话

需要急救服务时，可拨打 120 急救求助电话。

（1）拨通电话后，应说清楚病人所在地址、年龄、性别和病情。如不知道确切地址，应说明大致方位，如在哪条大街、哪幢标志性建筑物附近等。

（2）尽可能说明病人典型的病情，如胸痛、意识不清、吐

血、呕吐、呼吸困难等。

（3）尽可能说明病人患病或受伤的时间。如果是意外伤害，需说明伤害的性质，如触电、溺水、火灾、中毒、交通事故等，报告受害人受伤的部位和情况。

（4）尽可能说明特殊需要，了解清楚救护车到达的大致时间，准备接车。

（5）120 免收电话费，投币、磁卡等公用电话均可直接拨打。如果了解病人的病史，在呼叫急救服务时应提供给急救人员参考。

4. 122 交通事故报警电话

发生交通事故或纠纷，可拨打122（或110）电话报警。

（1）拨打 122 或 110 时，要准确报出事故发生的地点及人员、车辆伤损情况。

（2）双方认为可自行解决的事故，应把车辆移至不妨碍交通的地点协商处理；其他事故，需变动现场的，必须标明事故现场位置，把车辆移至不妨碍交通的地点，等候交通警察处理。

（3）遇到肇事车逃逸时，要记下车牌号码、车型、颜色及特征，及时向当地公安机关举报。

（4）交通事故造成人员伤亡时，应立即拨打 120 电话，不要破坏现场和随意移动伤员。

（5）如因车辆变形，人员被困车内，应立即拨打 122 或 110 电话求助。因抢救伤员需要变动现场位置的，应做好标记。

（6）122 免收电话费，投币、磁卡等公用电话均可直接拨打。找交警处理交通事故是最好的解决办法，在交警到达现场之

前，应注意保护现场。

三、各种危险状态下的个人求助建议

（一）遭遇绑架、拐卖、挟持、勒索

（1）要保持头脑清醒、冷静，牢记求生信念，随时作好逃脱准备，尽量进食与活动，保持良好的体力。

（2）仔细观察，熟记歹徒的相貌、口音等重要特征，熟悉周边环境，观察逃跑路线，等待时机。

（3）主动巧妙地与挟持者沟通，稳定其情绪，不要激怒对方情绪。

（4）伺机留下各种求救信号，如手势、私人物品和字条等，一旦发现有逃脱机会，要当机立断，并在离开后迅速报警，在这种非常情况下，向任何穿制服的人求助都是可行的。

（5）不要轻易相信街头的招工、招聘广告，更不要相信"招工人员"的游说。

（6）离家出门前要与父母商量，留下联系方式，牢记自己的家庭确切位置和父母的电话号码，万一遭遇不测可以想办法求助。

（7）立即向学校、公安机关报告，你越怕事，越不敢声张，歹徒就越嚣张。

（8）当你被绑架后，歹徒会强迫你打电话与你的父母联系，目的是想让你的父母拿钱来赎你，这时，你要抓住机会，巧妙暗示自己所在的位置。

【案例1】曾经有一名女同学被坏人拐骗后挟持到高楼内囚禁，她趁歹徒不注意时脱下自己的白色裙子，用口红在裙子上写下求救信号，丢到楼下。保安发现后

及时报警，女生最终获救。①

【案例2】某校一名学生在校外遭到勒索后，不敢声张，拿了奶奶给自己的1000元压岁钱交给对方。结果到警方破案时，才发现他先后已被敲诈了近4000元钱。②

（二）遭到性侵害或骚扰

（1）记住对方的相貌特征和穿着打扮，以便报案后警察能及时开展抓捕，让犯罪分子受到应有的处罚。

（2）一旦被侮辱，要尽量保存证据，及时报案，防止自己再次受害和他人受害。

（3）遇到类似事件后要及时告诉老师和家长，或者直接向公安机关反映，求得学校、家庭和社会的帮助。③

女孩子被性侵害了，有三种求助方式：

第一种叫生理救助。所谓的生理救助，就是"受到侵害告亲人"。女孩子被侵害以后，要尽快告诉自己的亲人，同时要"保守秘密找医生"。如果你要能忍得住的话不要洗澡，因为这个时候你要取证，取什么证呢？就是毛发、精斑、体液、抓痕和现场遗留物，要把它保存好。

第二种我们叫做法律救助，就是"平复心理再报警"。寻求法律救助时会有专门的人给你讲怎么报案。不过你不要担心，在整个审理过程中，都是要严格保密的，特别是中小学生，也就是说你的姓名、你的真实身份是不允许向外界透露的。

---

① 作者整理。
② 作者整理。
③ http：//yjb. shaanxi. gov. cn/0/1/7/30/104. htm。

第三种就是心理救助，这个心理救助就包括家庭的关怀，心理的救助和志愿者的交谈。现在国外有强奸救助中心，或者叫性侵害救助中心。[①]

（三）在校生遭遇意外怀孕

随着生活水平的提高，社会观念的逐步开放，青少年不可避免地提前性早熟了。一些未成年少女在不懂得保护自己的情况下，发生了性行为，从而导致意外妊娠情况越来越多。

（1）想了解或增加关于女性生理、性生理、性心理与生育、性传播疾病方面的知识，可直接拨打援助中心热线电话或者是妇科医生在线咨询。

（2）青春期少女可拨打少女意外怀孕援助热线了解青春期生理健康知识，意外怀孕后的解决方法，向专家进行性心理咨询。

（3）患有妇科疾病或性传播疾病可拨打少女意外怀孕援助热线了解相关知识以及相关的治疗方法。

（4）在避孕失败后，可拨打意外怀孕援助热线了解紧急避孕方法。

（5）怀孕后，可拨打意外怀孕援助热线了解优生优育的知识。

（四）遭到盗抢

发现盗贼正在室内盗抢时，可以采取以下求助：

（1）如果发现窃贼正在室内盗窃，而窃贼尚未发现有人回来时，可以迅速到外面喊人，同时报告公安机关。

（2）如果室内的窃贼已经发现来人时，要高声呼喊，请求外界的帮助，让大家共同协助抓住窃贼。

---

① 转引自中国公安大学教授王大伟讲座。

（3）对正在逃跑的案犯，要及时追出查看其逃离方向，及时报告老师或者拨打110报警电话报告公安机关。

（4）如果发现被盗，要镇静，马上报案，要保护好现场，不要随便翻动现场。

（5）当遭到有人抢夺财物时，应努力挣脱，减少损失，尽快逃离，一边奔跑一边呼喊"有人抢劫"，努力寻求帮助，让更多的人前来帮忙。

（6）独自夜行时遭遇抢劫时，应大声呼喊，朝有明亮灯光、人多的地方跑，可以在危险时鸣哨求助。

（五）游泳遇到溺水

（1）出现事故要立即呼救，少年儿童不贸然下水营救。

（2）溺水者救起后，要清除口鼻喉内异物，排除溺水者胃、肺部水。

（3）必要时进行人工呼吸。

（4）迅速拨打急救电话。

在下水游泳前都应该做一些准备运动，如跑步、做徒手操，以及模仿游泳动作等，并用冷水淋浴，以增强身体的适应能力，同时，对预防肌肉拉伤也有一定的效果。

（六）发生拥挤踩踏事故

拥挤踩踏事故主要发生在学校、大型商场、集会现场、体育场等人员高密度集聚场所，一旦发生拥挤踩踏事故，就会造成群死群伤。在参加公众活动或进入拥挤的场所，要有防险意识，看清楚出口和各种逃生标识，防止拥挤踩踏事故的发生。

拥挤踩踏事故发生后，要采取以下自救互助措施：

（1）发现拥挤人群向自己拥来，要保持镇静，不要奔跑，以免摔倒。如果有条件，暂避一时，不要逆人流前进。

（2）要注意保持和大多数人前进方向一致，前行中不要采用体位前倾或者低重心的姿势，即便鞋子被踩掉，也不要贸然弯腰，如有可能，抓住坚固牢靠的东西。

（3）发现前面有人摔倒，马上停下脚步大声呼救，请求帮助。

（4）如果自己不慎摔倒，要设法靠近墙壁。面向墙壁，身体蜷成球状，双手在颈后紧扣，以保护身体最脆弱的部位。

（七）发生火灾时

在各类灾害事故中，火灾是最经常、最普遍地威胁公众安全和社会发展的主要灾害之一。在面对大火肆虐的危急时刻，如何正确地逃生与救助，是当事者化险为夷，绝处逢生的关键。在火灾发生需要求助时，要做到：

（1）接通电话后要沉着冷静，向接警中心讲清失火单位的名称、地址、什么东西着火、火势大小以及着火的范围。同时还要注意听清对方提出的问题，以便正确回答。把自己的电话号码和姓名告诉对方，以便联系。

（2）打完电话后，要立即到交叉路口等候消防车的到来，以便引导消防车迅速赶到火灾现场。

（3）迅速组织人员疏通消防车道，清除障碍物，使消防车到火场后能立即进入最佳位置灭火救援。

（4）如果着火地区发生了新的变化，要及时报告消防队，使他们能及时改变灭火战术，取得最佳效果。

（5）在没有电话或没有消防队的地方，如农村和边远地区，可采用敲锣、吹哨、喊话等方式向四周报警，动员乡邻来灭火。

【案例】2008 年 11 月 14 日，上海商学院女生宿舍早晨发生火灾，4 名女生从 6 楼跳下当场身亡。据着火大楼 5 楼宿舍的一女生说，早晨 602 宿舍起火后，该宿舍有 2 名女生先跑了出去呼救，等回来后，发现 602 宿舍门已经无法打开，由于 602 宿舍内的火势很大，留在 602 宿舍的 4 名女生只能跑到阳台上，并最后从阳台上跳了出来。①

第二节　保险合理避险

人类社会从开始就面临着自然灾害和意外事故的侵扰，在与大自然抗争的过程中，古代人们就萌生了对付灾害事故的保险思想和原始形态的保险方法。

保险从萌芽时期的互助形式逐渐发展成为冒险借贷，发展到海上保险合约以及海上保险、火灾保险、人寿保险和其他保险，并逐渐发展成为现代保险。从古至今，保险在我们的工作生活当中规避人生各阶段的风险起到了救助、再生、减小损失的风险。

【案例 1】高女士是一位幼儿教育工作者，因为新婚不久，家庭责任增加，在保险代理人的多次拜访后为自己购买了一份人身保障计划。因为刚新婚不久，经济不太宽余，保险计划重点就在于保费低，保障高而且要全面，即要包含人身意外保障、重大疾病保障、住院医疗保障和住院医疗津贴。高女士所在的幼儿园还为她购买了社会医疗保险，专业的保险代理专员在考虑高女士

---

① 作者整理。

已有的医疗保险,为其量身定做设计了一份保障方案。在计算保费的原则下(保费计算原则:年缴保费不超过年收入的20%),高女士年缴保费2130元。一年后高女士续缴了第二年的保费,不久高女士怀孕了。在做围产检查时,B超显示高女士的左肾有积水的迹象,产科医生建议高女士

你能陪他长大吗?

虽然不一定能陪着子女长大
但爱心却一定可以与他相伴
——只要拥有一份适当的保险

大学毕业前父亲不幸身故所占比例

到肾内科去作进一步的检查。高女士考虑到胎儿的健康因素,决定生产后再作检查。又过了半年,高女士生育了一个健康的男孩,满月后高女士去省医院肾内科进行检查,几天后检查结果:高女士患上了肾癌。在得知自己患病的噩耗,高女士最失望的是刚出生不久的孩子不能拥有像其他孩子被父母亲抚育的幸福。如果高女士接受治疗,一定会让一个刚建立的家庭倾家荡产,孩子就没有了未来。疾病的痛苦、恐惧、焦虑让高女士一筹莫展。

保险公司的保险代理专员得知这一消息,立马劝说高女士入院治疗。高女士入住了省医院的肾内科,经过20多天的手术治疗,高女士共花费8万多元的医疗费,社会医疗保险为高女士报销了6万多元(医疗保险报

销范围为医保范围内的甲类、乙类药和特殊检查），近
2万元为自付和自费项目。肾癌的后期治疗和维护费则
是一笔很大的开销，高女士必须每3个月要到肿瘤医院
进行一次7天的治疗。因为事前在商业保险公司购买的
保险，高女士首次住院在保险公司共得到20.48万元的
赔付，其中既有社会医疗保险的补偿赔付，也有因住院
治疗而增加的交通费、营养费、护理费，还有因住院减
少的收入等而获得的住院津贴赔付，而最多的赔付金额
20万元则是重大疾病保险的赔付。高女士因为这份保
险获得了自救的机会，不会因为一场大病让孩子失去教
育费，父母失去养老费，配偶失去创业费。保险为高女
士规避了一场家庭经济风险，创造了救治机会，挽回了
因病四处借钱的尊严。[①]

【案例2】宋先生于2010年2月份购买了一辆价值
21万元的帕萨特轿车，宋先生非常认可保险，每次购
买车险时都比较完善地为爱车购买除交强险外的车损
险、第三者责任保险、盗抢险、刮痕险、玻璃险、座位
险等，重要的是宋先生为爱车投保的保险金额是16万
元。宋先生的轿车于2010年12月份在高速公路上因严
重交通事故造成轿车完全毁损并报废，交警部门事故认
定宋先生无责。当宋先生到保险公司理赔时，宋先生的
投保确定为不足额投保，按照不足额投保的理赔规定，
价值21万元的轿车扣除折旧率，宋先生共获得赔付
13.4万元。[②]

---

① 作者整理。
② 作者整理。

【案例3】浙江温州"7·23"动车事故

7月23日晚20点34分,杭州至福州的D3115次列车与北京至福州的D301次列车发生追尾,造成后者四节车厢脱轨坠落高架桥。已造成40人死亡、210人受伤。截止到7月28日,根据有关来自全国7家寿险公司对于此次特大交通事故的理赔信息,总赔付金额为237万余元。从这次事故中可以看到购买商业保险的人很少,买了保险的人买保障型的保险更少,在这次事故里所有寿险公司理赔的客户中,竟然没有一例是投保了保费低、保障高的交通意外伤害保险。平安人寿公布的理赔信息显示,共寻找到23位出险客户,有8位遇难,其中包括D301次动车司机潘一恒,这位司机投保的是平安常青树保险和铁路部门团险,赔付金额仅有5万元;太平洋(601099)寿险的一位出险客户投保的是"安贷宝"产品,赔付也仅有5万元;太平人寿的一位遇难客户投保的"吉祥安康"B款重疾险的赔付金额是15万元;新华人寿的一位出险客户获得的赔付是3.43万元,这位客户投保的是新华人寿的一款银保分红险,3年缴纳保费约为3万元,他出险后,所得到的赔付仅比其3年保费多了几千元①。

一、保险的分类及机动车辆保险

按照保险保障范围分为:人身保险、财产保险、责任保险、信用保证保险。如何利用保险合理规避风险,我们就保障范围不

---

① 作者整理。

同分别举例。

人身保险是以人的身体或者生命作为保险标的的保险，保险人承担被保险人保险期间遭受到人身伤亡，或者保险期满被保险人伤亡或者生存时，给付保险金的责任。人身保险除了包括人寿保险外，还有健康保险和人身意外伤害险。

机动车辆保险——基本条款关于保险金额、赔偿限额和保险期限的规定：

第八条　车辆损失险的保险金额由投保人和保险人选择以下三种方式之一协商确定：

（一）按新车购置价确定。新车购置价是指本保险合同签订地购置与保险车辆同类型新车（含车辆购置附加费）的价格。

（二）按投保时的实际价值确定。实际价值是指同类型车辆市场新车购置价减去该车已使用年限折旧金额后的价格。

折旧按每满一年扣除一年计算，不足一年的部分，不计折旧。折旧率按国家有关规定执行。但最高折旧金额不超过新车购置价的80%。

（三）由投保人与保险人协商确定。但保险金额不得超过同类型新车购置价，超过部分无效。

保险人根据保险金额的不同确定方式承担相应的赔偿责任。

二、人身保险投保建议

人身保险是所有保险中比较复杂的保险，在理赔过程中造成的误会往往隐患就在投保的开始，例如隐瞒既往病史、先天性疾病、无证驾驶、酒后驾车或驾驶未审核的交通工具、未按保险条款约定医院就医等等，所以投保时一定要了解以下投保过程。

（1）当业务员拜访您时，您有权要求业务员出示其所在保险公司的有效工作证件。

（2）您有权要求业务员依据保险条款如实讲解险种的有关内容。当您决定投保时，为确保自身权益，请认真阅读保险条款。

（3）在填写保单时，您必须如实填写有关内容并亲笔签名；被保险人签名一栏应由被保险人亲笔签署（少儿险除外）。

（4）当您付款时，为了降低现金风险及职业道德风险，业务员不可以收取现金，现在缴纳保险费采取零现金模式，即必须通过银行转账。

（5）投保后银行转账成功三天内，业务员没有特殊原因必须把保险合同送交到客户手里。投保一个月后，您如果未收到正式保险单，请向保险公司查询。收到保险单后，您应该当场审核，如发现错漏之处，有权要求保险公司及时更正。

（6）当您拿到保险合同 10 天之内，您享有合同撤回请求权，扣除打印合同成本 10～20 元，退还所有已交保费，具体情况视各公司规定。

（7）如您的通信地址发生变更，请及时通知保险公司，以确保您能享有持续的服务。

（8）对于退保、减保可能给您带来的经济损失，请在投保时予以关注。

（9）保险事故发生后，请您参照保险条款的有关规定，及时与保险公司或业务员取得联系。

（10）您对投保过程中有任何疑问或意见，可向保险公司的有关部门咨询、反映或向保险行业协会投诉。

三、财产保险和车辆保险投保建议

（1）财产保险和车辆保险在投保时一定按实际金额投保，不足额投保按不足额投保金额与实际金额换算出的赔付比率赔付；高于保险标的实际金额投保的理赔时按实际保险标的赔付，高于部分投保为无效。

（2）车辆保险理赔时以下情况不在理赔范围内：车辆轮胎、玻璃单独破碎；驾驶员饮酒、吸毒、被药物麻醉；没有驾驶证；驾驶与驾驶证准驾车型不相符合的车辆；保险车辆肇事逃逸等，在保险合同里有详细的免除责任，当您拿到保险合同时一定要仔细阅读责任免除条款，要会买保险，还要会用保险，只有熟悉规则才能用好。

（3）关于交通强制保险的理解：很多人认为买了交强险就不用买第三者责任保险了，这样理解是不全面的。2008 版（新版）的交强险责任限额（即每次保险事故的最高赔偿金额），全国统一定为 12.2 万元人民币。在 12.2 万元总的责任限额下，仍实行分项限额赔付，具体为死亡伤残赔偿限额 11 万元、医疗费用赔偿限额 1 万元和财产损失赔偿限额 2000 元。此外，被保险人在道路交通事故中有责任的赔偿限额为：死亡伤残赔偿限额 1.1 万元、医疗费用赔偿限额 1000 元和财产损失赔偿限额 100 元。例如，如果某次事故造成路人意外死亡了赔付 11 万元，如果是受伤了医疗费最高赔付 1 万元，如果造成对方车辆损坏的最高赔付 2000 元，所以只有交强险是不够避险的，需要通过第三者责任保险来补充完善。

虽然保险可以为我们合理避险，但投保时一定要根据自身的情况保费量入为出，不要因为购买保险而影响生活，成为负担，成为险奴。在购买保险时还要确认保险的需要，一般按以下顺序购买：意外保障、医疗保险、重大疾病保险、养老保险、分红投资保险、合理避税保险。在有限的经济能力下，为成人投保比为儿女投保更实际，特别是家庭的"经济支柱"，都有一定的年纪，其生活的风险比小孩子肯定要高一些。当然在有支付能力的前提下，家中每人各取所需而投保就更完美了。

警示：保险虽然可以避险，投保还需重保障！

第三节　心理健康

人类是群居动物，心理健康状态对其在各种社会活动中能否生存起着决定性作用。随着社会不断发展，在竞争日益激烈，工作、生活和学习压力不断增大的现实中，我们常会被焦虑、烦恼、愤怒等外在的情绪困扰，如果不及时处理和疏导，日积月累轻者心理亚健康，造成人际关系的紧张，重者出现人格障碍，甚至出现因心理问题而导致的自杀或发生危害他人生命财产安全的行为。所以调整和保持健康的心理状态尤为重要。

【案例】14岁的小玲在某重点中学上初二，因为学习压力大，考试成绩不理想，与好朋友的关系出现紧张来到咨询室。在开始的咨询次数过程中，咨询师较多地让小玲体验到被别人肯定的价值与安分，并分析了小玲这个年龄阶段的心理需求就是不断通过被群体认可、接纳来认知自我的，所以这个阶段的孩子特别重视朋友义气，特别在乎朋友的感受。通过这方面的疏导，小玲跨过了朋友关系紧张造成心思不在学习上的难关。

在一次咨询中，咨询师了解到小玲在考试时经常出现睡觉的状况，少则几分钟，多则十几分钟，小玲说这种现象从上学就一直延续到现在。我们可以想象这样进行考试结果会怎样，当然不满意了。咨询师就这个现象进行设想：小玲在面对紧张的情况（考试就属于面临紧张状况）会睡觉，"在紧张的情况睡觉"来假设大脑会出现缺氧状况的反应，出现大脑缺氧的情况可能是窒息，窒息的可能又有几种。其中最常见的就是游泳时发生的窒息，当问到小玲会不会游泳时，小玲告诉咨询师她从5岁就进了省体委跳水队，训练跳水一年半。后来还被跳水皇后伏明霞的教练挑中进国家跳水队，但6岁半的小玲选择了放弃。父母也尊重了小玲的选择，小玲就像其他孩子一样进入了小学生的角色。咨询师询问了小玲当时在学跳水时有没有被水呛过，小玲回忆说没有这个记忆，再问到小玲站在十米跳台时的感受时，小玲出现了恐惧、害怕、烦躁的情绪。敏锐的咨询师捕捉到小玲的反应，进行了分析：小玲站在十米跳台上每次都经历着恐惧，要克服恐惧，小玲启动了人类具备的128种防御机制中的一种：让大脑空白，短时间失去知觉，这样才能作出往下跳的动作，而这种应急反应在小玲上学后一遇到考试就演化成睡觉（小玲的父母反映小玲在家学习时也常常睡觉）。咨询师在和小玲父母交流当时孩子的心理状况时父母很内疚，因为他们都不知道这个情况，小玲也不知道求助，她以为当她站在跳台上的时候，教练叫跳就得跳。在以后的几次咨询中咨询师采取了相应的心理咨询技术进行治疗和干预。经过3个多月的咨询，小玲能用正确的方法来面对紧张情况，学习

效果、考试成绩逐步上升，小玲变得快乐、上进、接纳了。①

一、心理健康的标准

（一）了解自我、悦纳自我

一个心理健康的人能体验到自己的存在价值，既能了解自己，又能接受自己，有自知之明，对自己的能力、性格和长短处都能作出恰当的、客观的评价；对自己不会提出苛刻的、非分的期望与要求；对自己的生活目标和理想也能定得切合实际，因而对自己总是满意的；努力发展自身的潜能，即使对自己无法补救的缺陷，也能泰然处之。

（二）接受他人，善与人处

能认可别人存在的重要性和作用，同时也能为他人和集体所理解、所接受，能与他人相互沟通和交往，人际关系协调和谐；在生活的集体中能融为一体，既能与挚友相聚时共享欢乐，也能在独处沉思时无孤独感；在与人相处时，积极的态度（如同情、友善、信任、尊敬等）总是多于消极的态度（如猜疑、嫉妒、畏惧、敌视等），因而在社会生活中有较强的适应能力和较充足的安全感。而心理不健康的人可能常常置身于集体之外，与周围的人格格不入。

（三）正视现实，接受现实

心理健康的人能够面对现实，接受现实，能动地适应现实，进一步改造现实，而不是逃避现实；对周围事物和环境能作出客观的认识和评价，并能与现实环境保持良好的接触。

---

① 作者整理。

（四）热爱生活，乐于工作

心理健康的人能珍惜和热爱生活，积极投身于生活，并在生活中尽情享受人生的乐趣，而不会认为生活是重负。

（五）能协调与控制情绪，心境良好

心理健康的人愉快、乐观、开朗、满意等积极情绪总是占优势，当然也会有悲、忧、愁、怒等消极情绪体验，但一般不会长久。

（六）人格完整和谐

心理健康的人，气质、能力、性格和理想、信念、动机、兴趣、人生观等各方面平衡发展，人格作为人的整体的精神面貌能够完整、协调、和谐地表现出来；他们思考问题的方式是适中和合理的，待人接物能采取恰当灵活的态度，对外界刺激不会有偏颇的情绪和行为反应；他们能够与社会的步调合拍，也能和集体融为一体。

（七）智力正常，智商在 80 分以上

智力正常是人们正常生活工作和学习的基本心理条件，是心理健康的重要标准。一般智商低于 70 分者为智力落后，而智力落后是很难称为心理健康的。

（八）心理行为符合年龄特征

在人的生命发展的不同年龄阶段，都有相对应的心理行为表现，从而形成不同年龄阶段独特的心理行为模式。心理健康的人应具有同年龄多数人所符合的心理行为特征。如果一个人的心理行为经常严重偏离自己的年龄特征，一般是心理不健康的表现。

了解什么是心理健康，对于增强与维护人们的整体健康水平有重要意义。人们掌握了人的健康标准，以此为依据对照自己，进行心理健康的自我诊断。发现自己的心理状况某个或某几个方面与心理健康标准有一定距离，就有针对性地加强心理锻炼，以期达到心理健康水平。如果发现自己的心理状态严重地偏离心理健康标准，就要及时求医，以便早期诊断与早期治疗。

想想人生在世，谁能终身离群索居，自成一类？作为芸芸众生，我们总在"人际"中生活，烦恼痛苦也皆由"人际"而生，因为人的本质属性正是其社会性。人之所以有症状或困难，是因为他们与他人建立关系的方式发生了扭曲偏离。而某种程度上说，人类幸福愉悦的根源也在于"人际"之中，那我们如何经营自己的关系呢？

二、获得健康心理的建议

（1）学习一些心理学的知识，了解心理发展、变化的规律。

（2）参加一些积极向上的活动，结交志同道合的良师益友。

（3）培养良好的兴趣爱好，如听音乐、钓鱼、喝茶等。

（4）中国的传统文化，如儒、道、佛的文化智慧也可以禅定、安宁、修身、养性。

（5）越早接触心理咨询师，就可以越及时得到心理干预，甚至防患于未然。

让我们运用心理科学保持我们自己和亲戚朋友的心理健康，以较好的身心状态工作、生活，享受人生。

附录一：

中华人民共和国消防法（节选）

（1998 年 4 月 29 日第九届全国人民代表大会常务委员会第二次会议通过，2008 年 10 月 28 日第十一届全国人民代表大会常务委员会第五次会议修订，自 2009 年 5 月 1 日起施行）

第一章　总　则

第一条　为了预防火灾和减少火灾危害，加强应急救援工作，保护人身、财产安全，维护公共安全，制定本法。

第二条　消防工作贯彻预防为主、防消结合的方针，按照政府统一领导、部门依法监管、单位全面负责、公民积极参与的原则，实行消防安全责任制，建立健全社会化的消防工作网络。

第五条　任何单位和个人都有维护消防安全、保护消防设施、预防火灾、报告火警的义务。任何单位和成年人都有参加有组织的灭火工作的义务。

第二章　火灾预防

第二十一条　禁止在具有火灾、爆炸危险的场所吸烟、使用明火。因施工等特殊情况需要使用明火作业的，应当按照规定事先办理审批手续，采取相应的消防安全措施；作业人员应当遵守消防安全规定。

第二十八条 任何单位、个人不得损坏、挪用或者擅自拆除、停用消防设施、器材，不得埋压、圈占、遮挡消火栓或者占用防火间距，不得占用、堵塞、封闭疏散通道、安全出口、消防车通道。人员密集场所的门窗不得设置影响逃生和灭火救援的障碍物。

第四章　灭火救援

第四十四条 任何人发现火灾都应当立即报警。任何单位、个人都应当无偿为报警提供便利，不得阻拦报警。严禁谎报火警。

人员密集场所发生火灾，该场所的现场工作人员应当立即组织、引导在场人员疏散。

任何单位发生火灾，必须立即组织力量扑救。邻近单位应当给予支援。

消防队接到火警，必须立即赶赴火灾现场，救助遇险人员，排除险情，扑灭火灾。

第五章　监督检查

第五十二条 地方各级人民政府应当落实消防工作责任制，对本级人民政府有关部门履行消防安全职责的情况进行监督检查。

县级以上地方人民政府有关部门应当根据本系统的特点，有针对性地开展消防安全检查，及时督促整改火灾隐患。

第六章　法律责任

第六十二条 有下列行为之一的，依照《中华人民共和国治安管理处罚法》的规定处罚：

（一）违反有关消防技术标准和管理规定生产、储存、运输、销售、使用、销毁易燃易爆危险品的；

（二）非法携带易燃易爆危险品进入公共场所或者乘坐公共交通工具的；

（三）谎报火警的；

（四）阻碍消防车、消防艇执行任务的；

（五）阻碍公安机关消防机构的工作人员依法执行职务的。

第六十三条 违反本法规定，有下列行为之一的，处警告或者五百元以下罚款；情节严重的，处五日以下拘留：

（一）违反消防安全规定进入生产、储存易燃易爆危险品场所的；

（二）违反规定使用明火作业或者在具有火灾、爆炸危险的场所吸烟、使用明火的。

第六十四条 违反本法规定，有下列行为之一，尚不构成犯罪的，处十日以上十五日以下拘留，可以并处五百元以下罚款；情节较轻的，处警告或者五百元以下罚款：

（一）指使或者强令他人违反消防安全规定，冒险作业的；

（二）过失引起火灾的；

（三）在火灾发生后阻拦报警，或者负有报告职责的人员不及时报警的；

（四）扰乱火灾现场秩序，或者拒不执行火灾现场指挥员指挥，影响灭火救援的；

（五）故意破坏或者伪造火灾现场的；

（六）擅自拆封或者使用被公安机关消防机构查封的场所、部位的。

第六十八条 人员密集场所发生火灾，该场所的现场工作人员不履行组织、引导在场人员疏散的义务，情节严重，尚不构成犯罪的，处五日以上十日以下拘留。

第七十二条 违反本法规定，构成犯罪的，依法追究刑事责任。

第七章 附 则

第七十四条 本法自 2009 年 5 月 1 日起施行。

附录二：

中华人民共和国食品安全法（节选）

（中华人民共和国第十一届全国人民代表大会常务委员会第七次会议于 2009 年 2 月 28 日通过，自 2009 年 6 月 1 日起施行）

第一章 总 则

第一条 为保证食品安全，保障公众身体健康和生命安全，制定本法。

第二条 在中华人民共和国境内从事下列活动，应当遵守本法：

（一）食品生产和加工（以下称食品生产），食品流通和餐饮服务（以下称食品经营）；

（二）食品添加剂的生产经营；

（三）用于食品的包装材料、容器、洗涤剂、消毒剂和用于食品生产经营的工具、设备（以下称食品相关产品）的生产经营；

（四）食品生产经营者使用食品添加剂、食品相关产品；

（五）对食品、食品添加剂和食品相关产品的安全管理。

供食用的源于农业的初级产品（以下称食用农产品）的质量安全管理，遵守《中华人民共和国农产品质量安全法》的规定。但是，制定有关食用农产品的质量安全标准、公布食用农产品安全有关信息，应当遵守本法的有关规定。

第三条　食品生产经营者应当依照法律、法规和食品安全标准从事生产经营活动，对社会和公众负责，保证食品安全，接受社会监督，承担社会责任。

第八条　国家鼓励社会团体、基层群众性自治组织开展食品安全法律、法规以及食品安全标准和知识的普及工作，倡导健康的饮食方式，增强消费者食品安全意识和自我保护能力。

新闻媒体应当开展食品安全法律、法规以及食品安全标准和知识的公益宣传，并对违反本法的行为进行舆论监督。

第十条　任何组织或者个人有权举报食品生产经营中违反本法的行为，有权向有关部门了解食品安全信息，对食品安全监督管理工作提出意见和建议。

第三章　食品安全标准

第十八条　制定食品安全标准，应当以保障公众身体健康为宗旨，做到科学合理、安全可靠。

第二十条　食品安全标准应当包括下列内容：

（一）食品、食品相关产品中的致病性微生物、农药残留、兽药残留、重金属、污染物质以及其他危害人体健康物质的限量规定；

（二）食品添加剂的品种、使用范围、用量；

（三）专供婴幼儿和其他特定人群的主辅食品的营养成分要求；

（四）对与食品安全、营养有关的标签、标识、说明书的要求；

（五）食品生产经营过程的卫生要求；

（六）与食品安全有关的质量要求；

（七）食品检验方法与规程；

（八）其他需要制定为食品安全标准的内容。

第四章　食品生产经营

第二十七条　食品生产经营应当符合食品安全标准，并符合下列要求：

（一）具有与生产经营的食品品种、数量相适应的食品原料处理和食品加工、包装、贮存等场所，保持该场所环境整洁，并与有毒、有害场所以及其他污染源保持规定的距离；

（二）具有与生产经营的食品品种、数量相适应的生产经营设备或者设施，有相应的消毒、更衣、盥洗、采光、照明、通风、防腐、防尘、防蝇、防鼠、防虫、洗涤以及处理废水、存放垃圾和废弃物的设备或者设施；

（三）有食品安全专业技术人员、管理人员和保证食品安全的规章制度；

（四）具有合理的设备布局和工艺流程，防止待加工食品与直接入口食品、原料与成品交叉污染，避免食品接触有毒物、不洁物；

（五）餐具、饮具和盛放直接入口食品的容器，使用前应当洗净、消毒，炊具、用具用后应当洗净，保持清洁；

（六）贮存、运输和装卸食品的容器、工具和设备应当安全、无害，保持清洁，防止食品污染，并符合保证食品安全所需的温度等特殊要求，不得将食品与有毒、有害物品一同运输；

（七）直接入口的食品应当有小包装或者使用无毒、清洁的包装材料、餐具；

（八）食品生产经营人员应当保持个人卫生，生产经营食品时，应当将手洗净，穿戴清洁的工作衣、帽；销售无包装的直接入口食品时，应当使用无毒、清洁的售货工具；

（九）用水应当符合国家规定的生活饮用水卫生标准；

（十）使用的洗涤剂、消毒剂应当对人体安全、无害；

（十一）法律、法规规定的其他要求。

第二十八条 禁止生产经营下列食品：

（一）用非食品原料生产的食品或者添加食品添加剂以外的化学物质和其他可能危害人体健康物质的食品，或者用回收食品作为原料生产的食品；

（二）致病性微生物、农药残留、兽药残留、重金属、污染物质以及其他危害人体健康的物质含量超过食品安全标准限量的食品；

（三）营养成分不符合食品安全标准的专供婴幼儿和其他特定人群的主辅食品；

（四）腐败变质、油脂酸败、霉变生虫、污秽不洁、混有异物、掺假掺杂或者感官性状异常的食品；

（五）病死、毒死或者死因不明的禽、畜、兽、水产动物肉类及其制品；

（六）未经动物卫生监督机构检疫或者检疫不合格的肉类，或者未经检验或者检验不合格的肉类制品；

（七）被包装材料、容器、运输工具等污染的食品；

（八）超过保质期的食品；

（九）无标签的预包装食品；

（十）国家为防病等特殊需要明令禁止生产经营的食品；

（十一）其他不符合食品安全标准或者要求的食品。

第二十九条 国家对食品生产经营实行许可制度。从事食品生产、食品流通、餐饮服务，应当依法取得食品生产许可、食品流通许可、餐饮服务许可。

　　取得食品生产许可的食品生产者在其生产场所销售其生产的食品，不需要取得食品流通的许可；取得餐饮服务许可的餐饮服务提供者在其餐饮服务场所出售其制作加工的食品，不需要取得食品生产和流通的许可；农民个人销售其自产的食用农产品，不需要取得食品流通的许可。

　　食品生产加工小作坊和食品摊贩从事食品生产经营活动，应当符合本法规定的与其生产经营规模、条件相适应的食品安全要求，保证所生产经营的食品卫生、无毒、无害，有关部门应当对其加强监督管理，具体管理办法由省、自治区、直辖市人民代表大会常务委员会依照本法制定。

　　第三十四条　食品生产经营者应当建立并执行从业人员健康管理制度。患有痢疾、伤寒、病毒性肝炎等消化道传染病的人员，以及患有活动性肺结核、化脓性或者渗出性皮肤病等有碍食品安全的疾病的人员，不得从事接触直接入口食品的工作。

　　第三十五条　食用农产品生产者应当依照食品安全标准和国家有关规定使用农药、肥料、生长调节剂、兽药、饲料和饲料添加剂等农业投入品。食用农产品的生产企业和农民专业合作经济组织应当建立食用农产品生产记录制度。

　　第三十六条　食品生产者采购食品原料、食品添加剂、食品相关产品，应当查验供货者的许可证和产品合格证明文件；对无法提供合格证明文件的食品原料，应当依照食品安全标准进行检验；不得采购或者使用不符合食品安全标准的食品原料、食品添加剂、食品相关产品。

　　食品生产企业应当建立食品原料、食品添加剂、食品相关产品进货查验记录制度，如实记录食品原料、食品添加剂、食品相关产品的名称、规格、数量、供货者名称及联系方式、进货日期等内容。

食品原料、食品添加剂、食品相关产品进货查验记录应当真实，保存期限不得少于二年。

第四十二条 预包装食品的包装上应当有标签。标签应当标明下列事项：

（一）名称、规格、净含量、生产日期；

（二）成分或者配料表；

（三）生产者的名称、地址、联系方式；

（四）保质期；

（五）产品标准代号；

（六）贮存条件；

（七）所使用的食品添加剂在国家标准中的通用名称；

（八）生产许可证编号；

（九）法律、法规或者食品安全标准规定必须标明的其他事项。

专供婴幼儿和其他特定人群的主辅食品，其标签还应当标明主要营养成分及其含量。

第四十六条 食品生产者应当依照食品安全标准关于食品添加剂的品种、使用范围、用量的规定使用食品添加剂；不得在食品生产中使用食品添加剂以外的化学物质和其他可能危害人体健康的物质。

第四十七条 食品添加剂应当有标签、说明书和包装。标签、说明书应当载明本法第四十二条第一款第一项至第六项、第八项、第九项规定的事项，以及食品添加剂的使用范围、用量、使用方法，并在标签上载明"食品添加剂"字样。

第四十八条 食品和食品添加剂的标签、说明书，不得含有虚假、夸大的内容，不得涉及疾病预防、治疗功能。生产者对标签、说明书上所载明的内容负责。

食品和食品添加剂的标签、说明书应当清楚、明显，容易辨识。

食品和食品添加剂与其标签、说明书所载明的内容不符的，不得上市销售。

第四十九条 食品经营者应当按照食品标签标示的警示标志、警示说明或者注意事项的要求，销售预包装食品。

第五十条 生产经营的食品中不得添加药品，但是可以添加按照传统既是食品又是中药材的物质。按照传统既是食品又是中药材的物质的目录由国务院卫生行政部门制定、公布。

第五章　食品检验

第五十七条 食品检验机构按照国家有关认证认可的规定取得资质认定后，方可从事食品检验活动。但是，法律另有规定的除外。

食品检验机构的资质认定条件和检验规范，由国务院卫生行政部门规定。

本法施行前经国务院有关主管部门批准设立或者经依法认定的食品检验机构，可以依照本法继续从事食品检验活动。

第五十八条 食品检验由食品检验机构指定的检验人独立进行。

检验人应当依照有关法律、法规的规定，并依照食品安全标准和检验规范对食品进行检验，尊重科学，恪守职业道德，保证出具的检验数据和结论客观、公正，不得出具虚假的检验报告。

第七章　食品安全事故处置

第七十二条　县级以上卫生行政部门接到食品安全事故的报告后，应当立即会同有关农业行政、质量监督、工商行政管理、食品药品监督管理部门进行调查处理，并采取下列措施，防止或者减轻社会危害：

（一）开展应急救援工作，对因食品安全事故导致人身伤害的人员，卫生行政部门应当立即组织救治；

（二）封存可能导致食品安全事故的食品及其原料，并立即进行检验；对确认属于被污染的食品及其原料，责令食品生产经营者依照本法第五十三条的规定予以召回、停止经营并销毁；

（三）封存被污染的食品用工具及用具，并责令进行清洗消毒；

（四）做好信息发布工作，依法对食品安全事故及其处理情况进行发布，并对可能产生的危害加以解释、说明。

发生重大食品安全事故的，县级以上人民政府应当立即成立食品安全事故处置指挥机构，启动应急预案，依照前款规定进行处置。

第七十三条　发生重大食品安全事故，设区的市级以上人民政府卫生行政部门应当立即会同有关部门进行事故责任调查，督促有关部门履行职责，向本级人民政府提出事故责任调查处理报告。

重大食品安全事故涉及两个以上省、自治区、直辖市的，由国务院卫生行政部门依照前款规定组织事故责任调查。

第七十四条　发生食品安全事故，县级以上疾病预防控制机构应当协助卫生行政部门和有关部门对事故现场进行卫生处理，并对与食品安全事故有关的因素开展流行病学调查。

第七十五条 调查食品安全事故，除了查明事故单位的责任，还应当查明负有监督管理和认证职责的监督管理部门、认证机构的工作人员失职、渎职情况。

第八章 监督管理

第七十六条 县级以上地方人民政府组织本级卫生行政、农业行政、质量监督、工商行政管理、食品药品监督管理部门制定本行政区域的食品安全年度监督管理计划，并按照年度计划组织开展工作。

第八十一条 县级以上卫生行政、质量监督、工商行政管理、食品药品监督管理部门应当按照法定权限和程序履行食品安全监督管理职责；对生产经营者的同一违法行为，不得给予二次以上罚款的行政处罚；涉嫌犯罪的，应当依法向公安机关移送。

第九章 法律责任

第八十四条 违反本法规定，未经许可从事食品生产经营活动，或者未经许可生产食品添加剂的，由有关主管部门按照各自职责分工，没收违法所得、违法生产经营的食品、食品添加剂和用于违法生产经营的工具、设备、原料等物品；违法生产经营的食品、食品添加剂货值金额不足一万元的，并处二千元以上五万元以下罚款；货值金额一万元以上的，并处货值金额五倍以上十倍以下罚款。

第八十五条 违反本法规定，有下列情形之一的，由有关主管部门按照各自职责分工，没收违法所得、违法生产经营的食品和用于违法生产经营的工具、设备、原料等物品；违法生产经营的食品货值金额不足一万元的，并处二千元以上五万元以下罚款；货值金额一万元以上的，并处货值金额五倍以上十倍以下罚款；情节严重的，吊销许可证：

（一）用非食品原料生产食品或者在食品中添加食品添加剂以外的化学物质和其他可能危害人体健康的物质，或者用回收食品作为原料生产食品；

（二）生产经营致病性微生物、农药残留、兽药残留、重金属、污染物质以及其他危害人体健康的物质含量超过食品安全标准限量的食品；

（三）生产经营营养成分不符合食品安全标准的专供婴幼儿和其他特定人群的主辅食品；

（四）经营腐败变质、油脂酸败、霉变生虫、污秽不洁、混有异物、掺假掺杂或者感官性状异常的食品；

（五）经营病死、毒死或者死因不明的禽、畜、兽、水产动物肉类，或者生产经营病死、毒死或者死因不明的禽、畜、兽、水产动物肉类的制品；

（六）经营未经动物卫生监督机构检疫或者检疫不合格的肉类，或者生产经营未经检验或者检验不合格的肉类制品；

（七）经营超过保质期的食品；

（八）生产经营国家为防病等特殊需要明令禁止生产经营的食品；

（九）利用新的食品原料从事食品生产或者从事食品添加剂新品种、食品相关产品新品种生产，未经过安全性评估；

（十）食品生产经营者在有关主管部门责令其召回或者停止经营不符合食品安全标准的食品后，仍拒不召回或者停止经营的。

第八十六条 违反本法规定，有下列情形之一的，由有关主管部门按照各自职责分工，没收违法所得、违法生产经营的食品和用于违法生产经营的工具、设备、原料等物品；违法生产经营的食品货值金额不足一万元的，并处二千元以上五万元以下罚款；货值金额一万元以上的，并处货值金额二倍以上五倍以下罚款；情节严重的，责令停产停业，直至吊销许可证：

（一）经营被包装材料、容器、运输工具等污染的食品；

（二）生产经营无标签的预包装食品、食品添加剂或者标签、说明书不符合本法规定的食品、食品添加剂；

（三）食品生产者采购、使用不符合食品安全标准的食品原料、食品添加剂、食品相关产品；

（四）食品生产经营者在食品中添加药品。

第八十七条 违反本法规定，有下列情形之一的，由有关主管部门按照各自职责分工，责令改正，给予警告；拒不改正的，处二千元以上二万元以下罚款；情节严重的，责令停产停业，直至吊销许可证：

（一）未对采购的食品原料和生产的食品、食品添加剂、食品相关产品进行检验；

（二）未建立并遵守查验记录制度、出厂检验记录制度；

（三）制定食品安全企业标准未依照本法规定备案；

（四）未按规定要求贮存、销售食品或者清理库存食品；

（五）进货时未查验许可证和相关证明文件；

（六）生产的食品、食品添加剂的标签、说明书涉及疾病预防、治疗功能；

（七）安排患有本法第三十四条所列疾病的人员从事接触直接入口食品的工作。

第九十条 违反本法规定，集中交易市场的开办者、柜台出租者、展销会的举办者允许未取得许可的食品经营者进入市场销售食品，或者未履行检查、报告等义务的，由有关主管部门按照各自职责分工，处二千元以上五万元以下罚款；造成严重后果的，责令停业，由原发证部门吊销许可证。

第九十一条　违反本法规定，未按照要求进行食品运输的，由有关主管部门按照各自职责分工，责令改正，给予警告；拒不改正的，责令停产停业，并处二千元以上五万元以下罚款；情节严重的，由原发证部门吊销许可证。

第九十二条　被吊销食品生产、流通或者餐饮服务许可证的单位，其直接负责的主管人员自处罚决定作出之日起五年内不得从事食品生产经营管理工作。

食品生产经营者聘用不得从事食品生产经营管理工作的人员从事管理工作的，由原发证部门吊销许可证。

第九十三条　违反本法规定，食品检验机构、食品检验人员出具虚假检验报告的，由授予其资质的主管部门或者机构撤销该检验机构的检验资格；依法对检验机构直接负责的主管人员和食品检验人员给予撤职或者开除的处分。

第九十六条　违反本法规定，造成人身、财产或者其他损害的，依法承担赔偿责任。

生产不符合食品安全标准的食品或者销售明知是不符合食品安全标准的食品，消费者除要求赔偿损失外，还可以向生产者或者销售者要求支付价款十倍的赔偿金。

第九十七条　违反本法规定，应当承担民事赔偿责任和缴纳罚款、罚金，其财产不足以同时支付时，先承担民事赔偿责任。

第九十八条　违反本法规定，构成犯罪的，依法追究刑事责任。

第十章　附　则

第九十九条　本法下列用语的含义：

食品安全，指食品无毒、无害，符合应当有的营养要求，对人体健康不造成任何急性、亚急性或者慢性危害。

食品安全事故，指食物中毒、食源性疾病、食品污染等源于食品，对人体健康有危害或者可能有危害的事故。

第一百零四条 本法自 2009 年 6 月 1 日起施行。《中华人民共和国食品卫生法》同时废止。

附录三：

中华人民共和国道路交通安全法（节选）

(2003 年 10 月 28 日第十届全国人民代表大会常务委员会第五次会议通过；根据 2007 年 12 月 29 日第十届全国人民代表大会常务委员会第三十一次会议《关于修改〈中华人民共和国道路交通安全法〉的决定》第一次修正；根据 2011 年 4 月 22 日第十一届全国人民代表大会常务委员会第二十次会议《关于修改〈中华人民共和国道路交通安全法〉的决定》第二次修正)

第一章 总 则

第一条 为了维护道路交通秩序，预防和减少交通事故，保护人身安全，保护公民、法人和其他组织的财产安全及其他合法权益，提高通行效率，制定本法。

第二条 中华人民共和国境内的车辆驾驶人、行人、乘车人以及与道路交通活动有关的单位和个人，都应当遵守本法。

第二章 车辆和驾驶人

第二节 机动车驾驶人

第十九条 驾驶机动车，应当依法取得机动车驾驶证。

申请机动车驾驶证，应当符合国务院公安部门规定的驾驶许可条件；经考试合格后，由公安机关交通管理部门发给相应类别的机动车驾驶证。

持有境外机动车驾驶证的人，符合国务院公安部门规定的驾驶许可条件，经公安机关交通管理部门考核合格的，可以发给中国的机动车驾驶证。

驾驶人应当按照驾驶证载明的准驾车型驾驶机动车；驾驶机动车时，应当随身携带机动车驾驶证。公安机关交通管理部门以外的任何单位或者个人，不得收缴、扣留机动车驾驶证。

第二十二条 机动车驾驶人应当遵守道路交通安全法律、法规的规定，按照操作规范安全驾驶、文明驾驶。

饮酒、服用国家管制的精神药品或者麻醉药品，或者患有妨碍安全驾驶机动车的疾病，或者过度疲劳影响安全驾驶的，不得驾驶机动车。

任何人不得强迫、指使、纵容驾驶人违反道路交通安全法律、法规和机动车安全驾驶要求驾驶机动车。

第四章 道路通行规定

第一节 一般规定

第三十六条 根据道路条件和通行需要，道路划分为机动车道、非机动车道和人行道的，机动车、非机动车、行人实行分道通行。没有划分机动车道、非机动车道和人行道的，机动车在道路中间通行，非机动车和行人在道路两侧通行。

第三十八条 车辆、行人应当按照交通信号通行；遇有交通警察现场指挥时，应当按照交通警察的指挥通行；在没有交通信号的道路上，应当在确保安全、畅通的原则下通行。

第二节 机动车通行规定

第四十二条 机动车上道路行驶，不得超过限速标志标明的最高时速。在没有限速标志的路段，应当保持安全车速。

夜间行驶或者在容易发生危险的路段行驶，以及遇有沙尘、冰雹、雨、雪、雾、结冰等气象条件时，应当降低行驶速度。

第四十四条 机动车通过交叉路口，应当按照交通信号灯、交通标志、交通标线或者交通警察的指挥通过；通过没有交通信号灯、交通标志、交通标线或者交通警察指挥的交叉路口时，应当减速慢行，并让行人和优先通行的车辆先行。

第四十五条 机动车遇有前方车辆停车排队等候或者缓慢行驶时，不得借道超车或者占用对面车道，不得穿插等候的车辆。

在车道减少的路段、路口，或者在没有交通信号灯、交通标志、交通标线或者交通警察指挥的交叉路口遇到停车排队等候或者缓慢行驶时，机动车应当依次交替通行。

第四十六条 机动车通过铁路道口时，应当按照交通信号或者管理人员的指挥通行；没有交通信号或者管理人员的，应当减速或者停车，在确认安全后通过。

第四十七条 机动车行经人行横道时，应当减速行驶；遇行人正在通过人行横道，应当停车让行。

机动车行经没有交通信号的道路时，遇行人横过道路，应当避让。

第四十九条 机动车载人不得超过核定的人数，客运机动车不得违反规定载货。

第五十条 禁止货运机动车载客。

货运机动车需要附载作业人员的，应当设置保护作业人员的安全措施。

第五十一条 机动车行驶时，驾驶人、乘坐人员应当按规定使用安全带，摩托车驾驶人及乘坐人员应当按规定戴安全头盔。

第三节 非机动车通行规定

第五十七条 驾驶非机动车在道路上行驶应当遵守有关交通

安全的规定。非机动车应当在非机动车道内行驶；在没有非机动车道的道路上，应当靠车行道的右侧行驶。

第五十九条 非机动车应当在规定地点停放。未设停放地点的，非机动车停放不得妨碍其他车辆和行人通行。

第四节　行人和乘车人通行规定

第六十一条 行人应当在人行道内行走，没有人行道的靠路边行走。

第六十二条 行人通过路口或者横过道路，应当走人行横道或者过街设施；通过有交通信号灯的人行横道，应当按照交通信号灯指示通行；通过没有交通信号灯、人行横道的路口，或者在没有过街设施的路段横过道路，应当在确认安全后通过。

第六十三条 行人不得跨越、倚坐道路隔离设施，不得扒车、强行拦车或者实施妨碍道路交通安全的其他行为。

第七章　法律责任

第八十七条 公安机关交通管理部门及其交通警察对道路交通安全违法行为，应当及时纠正。

第八十八条 对道路交通安全违法行为的处罚种类包括：警告、罚款、暂扣或者吊销机动车驾驶证、拘留。

第八十九条 行人、乘车人、非机动车驾驶人违反道路交通安全法律、法规关于道路通行规定的，处警告或者五元以上五十元以下罚款；非机动车驾驶人拒绝接受罚款处罚的，可以扣留其非机动车。

第九十条 机动车驾驶人违反道路交通安全法律、法规关于道路通行规定的，处警告或者二十元以上二百元以下罚款。本法另有规定的，依照规定处罚。

第九十一条 饮酒后驾驶机动车的，处暂扣六个月机动车驾

驶证，并处一千元以上二千元以下罚款。因饮酒后驾驶机动车被
处罚，再次饮酒后驾驶机动车的，处十日以下拘留，并处一千元
以上二千元以下罚款，吊销机动车驾驶证。

醉酒驾驶机动车的，由公安机关交通管理部门约束至酒醒，
吊销机动车驾驶证，依法追究刑事责任；五年内不得重新取得机
动车驾驶证。

饮酒后驾驶营运机动车的，处十五日拘留，并处五千元罚
款，吊销机动车驾驶证，五年内不得重新取得机动车驾驶证。

醉酒驾驶营运机动车的，由公安机关交通管理部门约束至酒
醒，吊销机动车驾驶证，依法追究刑事责任；十年内不得重新取
得机动车驾驶证，重新取得机动车驾驶证后，不得驾驶营运机
动车。

饮酒后或者醉酒驾驶机动车发生重大交通事故，构成犯罪
的，依法追究刑事责任，并由公安机关交通管理部门吊销机动车
驾驶证，终生不得重新取得机动车驾驶证。

第八章 附 则

第一百二十四条　本法自 2004 年 5 月 1 日起施行。

附录四：

中华人民共和国刑法（2011年修正版节选）

[1979年7月1日第五届全国人民代表大会第二次会议通过，1997年3月14日第八届全国人民代表大会第五次会议修订，又经1999年12月25日《中华人民共和国刑法修正案（一）》，2001年8月31日《中华人民共和国刑法修正案（二）》，2001年12月29日《中华人民共和国刑法修正案（三）》，2002年12月28日《中华人民共和国刑法修正案（四）》，2005年2月28日《中华人民共和国刑法修正案（五）》，2006年6月29日《中华人民共和国刑法修正案（六）》，2009年2月28日《中华人民共和国刑法修正案（七）》，2011年2月25日《中华人民共和国刑法修正案（八）》修正]

第一编 总 则

第一章 刑法的任务、基本原则和适用范围

第一条 为了惩罚犯罪，保护人民，根据宪法，结合我国同犯罪作斗争的具体经验及实际情况，制定本法。

第二条 中华人民共和国刑法的任务，是用刑罚同一切犯罪行为作斗争，以保卫国家安全，保卫人民民主专政的政权和社会

主义制度，保护国有财产和劳动群众集体所有的财产，保护公民私人所有的财产，保护公民的人身权利、民主权利和其他权利，维护社会秩序、经济秩序，保障社会主义建设事业的顺利进行。

第三条 法律明文规定为犯罪行为的，依照法律定罪处刑；法律没有明文规定为犯罪行为的，不得定罪处刑。

第四条 对任何人犯罪，在适用法律上一律平等。不允许任何人有超越法律的特权。

第五条 刑罚的轻重，应当与犯罪分子所犯罪行和承担的刑事责任相适应。

第六条 凡在中华人民共和国领域内犯罪的，除法律有特别规定的以外，都适用本法。

凡在中华人民共和国船舶或者航空器内犯罪的，也适用本法。

犯罪的行为或者结果有一项发生在中华人民共和国领域内的，就认为是在中华人民共和国领域内犯罪。

第二章 犯 罪

第一节 犯罪和刑事责任

第十三条 一切危害国家主权、领土完整和安全，分裂国家、颠覆人民民主专政的政权和推翻社会主义制度，破坏社会秩序和经济秩序，侵犯国有财产或者劳动群众集体所有的财产，侵犯公民私人所有的财产，侵犯公民的人身权利、民主权利和其他权利，以及其他危害社会的行为，依照法律应当受刑罚处罚的，都是犯罪，但是情节显著轻微危害不大的，不认为是犯罪。

第十七条 已满十六周岁的人犯罪，应当负刑事责任。

已满十四周岁不满十六周岁的人，犯故意杀人、故意伤害致人重伤或者死亡、强奸、抢劫、贩卖毒品、放火、爆炸、投毒罪的，应当负刑事责任。

已满十四周岁不满十八周岁的人犯罪，应当从轻或者减轻处罚。

因不满十六周岁不予刑事处罚的，责令他的家长或者监护人加以管教；在必要的时候，也可以由政府收容教养。

已满七十五周岁的人故意犯罪的，可以从轻或者减轻处罚；过失犯罪的，应当从轻或者减轻处罚。

第二编　分　则

第二章　危害公共安全罪

第一百一十四条　放火、决水、爆炸、投毒或者以其他危险方法破坏工厂、矿场、油田、港口、河流、水源、仓库、住宅、森林、农场、谷场、牧场、重要管道、公共建筑物或者其他公私财产，危害公共安全，尚未造成严重后果的，处三年以上十年以下有期徒刑。

第一百一十五条　放火、决水、爆炸、投毒或者以其他危险方法致人重伤、死亡或者使公私财产遭受重大损失的，处十年以上有期徒刑、无期徒刑或者死刑。

过失犯前款罪的，处三年以上七年以下有期徒刑；情节较轻的，处三年以下有期徒刑或者拘役。

第一百一十六条　破坏火车、汽车、电车、船只、航空器，足以使火车、汽车、电车、船只、航空器发生倾覆、毁坏危险，尚未造成严重后果的，处三年以上十年以下有期徒刑。

第一百一十七条　破坏轨道、桥梁、隧道、公路、机场、航道、灯塔、标志或者进行其他破坏活动，足以使火车、汽车、电车、船只、航空器发生倾覆、毁坏危险，尚未造成严重后果的，处三年以上十年以下有期徒刑。

第一百一十八条 破坏电力、燃气或者其他易燃易爆设备，危害公共安全，尚未造成严重后果的，处三年以上十年以下有期徒刑。

第一百一十九条 破坏交通工具、交通设施、电力设备、燃气设备、易燃易爆设备，造成严重后果的，处十年以上有期徒刑、无期徒刑或者死刑。

过失犯前款罪的，处三年以上七年以下有期徒刑；情节较轻的，处三年以下有期徒刑或者拘役。

第一百二十条 组织、领导和积极参加恐怖活动组织的，处三年以上十年以下有期徒刑；其他参加的，处三年以下有期徒刑、拘役或者管制。

犯前款罪并实施杀人、爆炸、绑架等犯罪的，依照数罪并罚的规定处罚。

第一百二十一条 以暴力、胁迫或者其他方法劫持航空器的，处十年以上有期徒刑或者无期徒刑；致人重伤、死亡或者使航空器遭受严重破坏的，处死刑。

第一百二十二条 以暴力、胁迫或者其他方法劫持船只、汽车的，处五年以上十年以下有期徒刑；造成严重后果的，处十年以上有期徒刑或者无期徒刑。

第一百二十三条 对飞行中的航空器上的人员使用暴力，危及飞行安全，尚未造成严重后果的，处五年以下有期徒刑或者拘役；造成严重后果的，处五年以上有期徒刑。

第一百二十四条 破坏广播电视设施、公用电信设施，危害公共安全的，处三年以上七年以下有期徒刑；造成严重后果的，处七年以上有期徒刑。

过失犯前款罪的，处三年以上七年以下有期徒刑；情节较轻的，处三年以下有期徒刑或者拘役。

第一百二十五条　非法制造、买卖、运输、邮寄、储存枪支、弹药、爆炸物的，处三年以上十年以下有期徒刑；情节严重的，处十年以上有期徒刑、无期徒刑或者死刑。

非法买卖、运输核材料的，依照前款的规定处罚。

单位犯前两款罪的，对单位判处罚金，并对其直接负责的主管人员和其他直接责任人员，依照第一款的规定处罚。

第一百二十六条　依法被指定、确定的枪支制造企业、销售企业，违反枪支管理规定，有下列行为之一的，对单位判处罚金，并对其直接负责的主管人员和其他直接责任人员，处五年以下有期徒刑；情节严重的，处五年以上十年以下有期徒刑；情节特别严重的，处十年以上有期徒刑或者无期徒刑：

（一）以非法销售为目的，超过限额或者不按照规定的品种制造、配售枪支的；

（二）以非法销售为目的，制造无号、重号、假号的枪支的；

（三）非法销售枪支或者在境内销售为出口制造的枪支的。

第一百二十七条　盗窃、抢夺枪支、弹药、爆炸物的，处三年以上十年以下有期徒刑；情节严重的，处十年以上有期徒刑、无期徒刑或者死刑。

抢劫枪支、弹药、爆炸物或者盗窃、抢夺国家机关、军警人员、民兵的枪支、弹药、爆炸物的，处十年以上有期徒刑、无期徒刑或者死刑。

第一百二十八条　违反枪支管理规定，非法持有、私藏枪支、弹药的，处三年以下有期徒刑、拘役或者管制；情节严重的，处三年以上七年以下有期徒刑。

依法配备公务用枪的人员，非法出租、出借枪支的，依照前款的规定处罚。

依法配置枪支的人员，非法出租、出借枪支，造成严重后果的，依照第一款的规定处罚。

单位犯第二款、第三款罪的，对单位判处罚金，并对其直接负责的主管人员和其他直接责任人员，依照第一款的规定处罚。

第一百二十九条 依法配备公务用枪的人员，丢失枪支不及时报告，造成严重后果的，处三年以下有期徒刑或者拘役。

第一百三十条 非法携带枪支、弹药、管制刀具或者爆炸性、易燃性、放射性、毒害性、腐蚀性物品，进入公共场所或者公共交通工具，危及公共安全，情节严重的，处三年以下有期徒刑、拘役或者管制。

第一百三十一条 航空人员违反规章制度，致使发生重大飞行事故，造成严重后果的，处三年以下有期徒刑或者拘役；造成飞机坠毁或者人员死亡的，处三年以上七年以下有期徒刑。

第一百三十二条 铁路职工违反规章制度，致使发生铁路运营安全事故，造成严重后果的，处三年以下有期徒刑或者拘役；造成特别严重后果的，处三年以上七年以下有期徒刑。

第一百三十三条 违反交通运输管理法规，因而发生重大事故，致人重伤、死亡或者使公私财产遭受重大损失的，处三年以下有期徒刑或者拘役；交通运输肇事后逃逸或者有其他特别恶劣情节的，处三年以上七年以下有期徒刑；因逃逸致人死亡的，处七年以上有期徒刑。

在道路上驾驶机动车追逐竞驶，情节恶劣的，或者在道路上醉酒驾驶机动车的，处拘役，并处罚金。

有前款行为，同时构成其他犯罪的，依照处罚较重的规定定罪处罚。

第一百三十四条 在生产、作业中违反有关安全管理的规定，因而发生重大伤亡事故或者造成其他严重后果的，处三年以下有期徒刑或者拘役；情节特别恶劣的，处三年以上七年以下有期徒刑。

强令他人违章冒险作业，因而发生重大伤亡事故或者造成其他严重后果的，处五年以下有期徒刑或者拘役；情节特别恶劣的，处五年以上有期徒刑。

第一百三十五条 安全生产设施或者安全生产条件不符合国家规定，因而发生重大伤亡事故或者造成其他严重后果的，对直接负责的主管人员和其他直接责任人员，处三年以下有期徒刑或者拘役；情节特别恶劣的，处三年以上七年以下有期徒刑。

举办大型群众性活动违反安全管理规定，因而发生重大伤亡事故或者造成其他严重后果的，对直接负责的主管人员和其他直接责任人员，处三年以下有期徒刑或者拘役；情节特别恶劣的，处三年以上七年以下有期徒刑。

第一百三十六条 违反爆炸性、易燃性、放射性、毒害性、腐蚀性物品的管理规定，在生产、储存、运输、使用中发生重大事故，造成严重后果的，处三年以下有期徒刑或者拘役；后果特别严重的，处三年以上七年以下有期徒刑。

第一百三十七条 建设单位、设计单位、施工单位、工程监理单位违反国家规定，降低工程质量标准，造成重大安全事故的，对直接责任人员，处五年以下有期徒刑或者拘役，并处罚金；后果特别严重的，处五年以上十年以下有期徒刑，并处罚金。

第一百三十八条 明知校舍或者教育教学设施有危险，而不采取措施或者不及时报告，致使发生重大伤亡事故的，对直接责任人员，处三年以下有期徒刑或者拘役；后果特别严重的，处三年以上七年以下有期徒刑。

第一百三十九条　违反消防管理法规，经消防监督机构通知采取改正措施而拒绝执行，造成严重后果的，对直接责任人员，处三年以下有期徒刑或者拘役；后果特别严重的，处三年以上七年以下有期徒刑。

在安全事故发生后，负有报告职责的人员不报或者谎报事故情况，贻误事故抢救，情节严重的，处三年以下有期徒刑或者拘役；情节特别严重的，处三年以上七年以下有期徒刑。

第四章　侵犯公民人身权利、民主权利罪

第二百三十二条　故意杀人的，处死刑、无期徒刑或者十年以上有期徒刑；情节较轻的，处三年以上十年以下有期徒刑。

第二百三十三条　过失致人死亡的，处三年以上七年以下有期徒刑；情节较轻的，处三年以下有期徒刑。本法另有规定的，依照规定。

第二百三十四条　故意伤害他人身体的，处三年以下有期徒刑、拘役或者管制。

第二百三十五条　过失伤害他人致人重伤的，处三年以下有期徒刑或者拘役。本法另有规定的，依照规定。

第二百三十九条　以勒索财物为目的绑架他人的，或者绑架他人作为人质的，处十年以上有期徒刑或者无期徒刑，并处罚金或者没收财产；情节较轻的，处五年以上十年以下有期徒刑，并处罚金。

犯前款罪，致使被绑架人死亡或者杀害被绑架人的，处死刑，并处没收财产。

以勒索财物为目的偷盗婴幼儿的，依照前两款的规定处罚。

第五章　侵犯财产罪

第二百六十三条　以暴力、胁迫或者其他方法抢劫公私财物的，处三年以上十年以下有期徒刑，并处罚金；有下列情形之一的，处十年以上有期徒刑、无期徒刑或者死刑，并处罚金或者没收财产：

（一）入户抢劫的；

（二）在公共交通工具上抢劫的；

（三）抢劫银行或者其他金融机构的；

（四）多次抢劫或者抢劫数额巨大的；

（五）抢劫致人重伤、死亡的；

（六）冒充军警人员抢劫的；

（七）持枪抢劫的；

（八）抢劫军用物资或者抢险、救灾、救济物资的。

第二百六十四条　盗窃公私财物，数额较大的，或者多次盗窃、入户盗窃、携带凶器盗窃、扒窃的，处三年以下有期徒刑、拘役或者管制，并处或者单处罚金；数额巨大或者有其他严重情节的，处三年以上十年以下有期徒刑，并处罚金；数额特别巨大或者有其他特别严重情节的，处十年以上有期徒刑或者无期徒刑，并处罚金或者没收财产。

第二百六十五条　以牟利为目的，盗接他人通信线路、复制他人电信码号或者明知是盗接、复制的电信设备、设施而使用的，依照本法第二百六十四条的规定定罪处罚。

第二百六十六条　诈骗公私财物，数额较大的，处三年以下有期徒刑、拘役或者管制，并处或者单处罚金；数额巨大或者有其他严重情节的，处三年以上十年以下有期徒刑，并处罚金；数额特别巨大或者有其他特别严重情节的，处十年以上有期徒刑或者无期徒刑，并处罚金或者没收财产。本法另有规定的，依照规定。

第二百六十七条 抢夺公私财物，数额较大的，处三年以下有期徒刑、拘役或者管制，并处或者单处罚金；数额巨大或者有其他严重情节的，处三年以上十年以下有期徒刑，并处罚金；数额特别巨大或者有其他特别严重情节的，处十年以上有期徒刑或者无期徒刑，并处罚金或者没收财产。

携带凶器抢夺的，依照本法第二百六十三条的规定定罪处罚。

第二百六十八条 聚众哄抢公私财物，数额较大或者有其他严重情节的，对首要分子和积极参加的，处三年以下有期徒刑、拘役或者管制，并处罚金；数额巨大或者有其他特别严重情节的，处三年以上十年以下有期徒刑，并处罚金。

第二百六十九条 犯盗窃、诈骗、抢夺罪，为窝藏赃物、抗拒抓捕或者毁灭罪证而当场使用暴力或者以暴力相威胁的，依照本法第二百六十三条的规定定罪处罚。

第二百七十条 将代为保管的他人财物非法占为己有，数额较大，拒不退还的，处二年以下有期徒刑、拘役或者罚金；数额巨大或者有其他严重情节的，处二年以上五年以下有期徒刑，并处罚金。

将他人的遗忘物或者埋藏物非法占为己有，数额较大，拒不交出的，依照前款的规定处罚。

本条罪，告诉的才处理。

附 则

第四百五十二条 本法自 1997 年 10 月 1 日起施行。

列于本法附件一的全国人民代表大会常务委员会制定的条

例、补充规定和决定，已纳入本法或者已不适用，自本法施行之日起，予以废止。

列于本法附件二的全国人民代表大会常务委员会制定的补充规定和决定予以保留，其中，有关行政处罚和行政措施的规定继续有效；有关刑事责任的规定已纳入本法，自本法施行之日起，适用本法规定。

附件一：

全国人民代表大会常务委员会制定的下列条例、补充规定和决定，已纳入本法或者已不适用，自本法施行之日起，予以废止：

1. 《中华人民共和国惩治军人违反职责罪暂行条例》
2. 《关于严惩严重破坏经济的罪犯的决定》
3. 《关于严惩严重危害社会治安的犯罪分子的决定》
4. 《关于惩治走私罪的补充规定》
5. 《关于惩治贪污罪贿赂罪的补充规定》
6. 《关于惩治泄露国家秘密犯罪的补充规定》
7. 《关于惩治捕杀国家重点保护的珍贵、濒危野生动物犯罪的补充规定》
8. 《关于惩治侮辱中华人民共和国国旗国徽罪的决定》
9. 《关于惩治盗掘古文化遗址古墓葬犯罪的补充规定》
10. 《关于惩治劫持航空器犯罪分子的决定》
11. 《关于惩治假冒注册商标犯罪的补充规定》
12. 《关于惩治生产、销售伪劣商品犯罪的决定》
13. 《关于惩治侵犯著作权的犯罪的决定》
14. 《关于惩治违反公司法的犯罪的决定》
15. 《关于处理逃跑或者重新犯罪的劳改犯和劳教人员的决定》

附件二：

全国人民代表大会常务委员会制定的下列补充规定和决定予以保留，其中，有关行政处罚和行政措施的规定继续有效；有关刑事责任的规定已纳入本法，自本法施行之日起，适用本法规定：

1. 《关于禁毒的决定》

2. 《关于惩治走私、制作、贩卖、传播淫秽物品的犯罪分子的决定》

3. 《关于严惩拐卖、绑架妇女、儿童的犯罪分子的决定》

4. 《关于严禁卖淫嫖娼的决定》

5. 《关于惩治偷税、抗税犯罪的补充规定》

6. 《关于严惩组织、运送他人偷越国（边）境犯罪的补充规定》

7. 《关于惩治破坏金融秩序犯罪的决定》

8. 《关于惩治虚开、伪造和非法出售增值税专用发票犯罪的决定》

参考文献

[1] http：//news. QQ. com.

[2] 樱花萌. 防范电信诈骗一. 中华人民共和国公安部网站.

[3] 大众网·大众日报，2011 - 7 - 2.

[4] 江长庆. 法制维权. 中国民营科技与经济，2005 - 8.

[5] 云南省公安厅新闻办，2010 - 1 - 18.

[6] 康树华，石芳. 当前我国盗窃犯罪的现状和特点. 江苏公安专科学校学报·社会治安研究，2002 - 1（1）.

[7] 李乐亮，李桂峰. 论盗窃案件的特点及侦查方法. 市场周刊·理论研究，2008 - 12.

[8] 许剑铭. 电动车被盗增多 民警提示加强防范. 新华网，2008 - 4 - 6.

[9] 警察网.

[10] 倪新爱，梁丛明，王常均. 浅谈网络时代计算机犯罪的处罚与预防. 中国法院网，2004 - 4 - 12.

[11] 中国新闻网，2011 - 7 - 14.

[12] 街头飞车抢劫案告破. 邯郸晚报，2010 - 12 - 20.

[13] 挪威发生两起严重袭击事件 共造成77人死亡 近百人受伤. 新华网，2011 - 7 - 26.

[14] 国家人口与健康科学数据共享服务中心（http://www. hcn2020. org. cn/index. php？edition-view - 4189 - 1）.

[15] 山西法制报，2011 - 1 - 11.
[16] 百度图片.
[17] 云南大学保卫处编印. 关注消防 珍爱生命.
[18] 腾冲县公安消防大队编制. 防火墙.
[19] 南方都市报.
[20] 安全指南.
[21] 家庭防火.
[22] 安全网.